前瞻性 · 理论性 · 实践性 · 服务性 · 可读性

城市治理

Urban Governance

垃圾分类环节探讨

南京

图书在版编目（C I P）数据

城市治理：垃圾分类环节探讨 / 於强海主编．--
南京：河海大学出版社，2020.12
ISBN 978-7-5630-6340-6

Ⅰ．①城… Ⅱ．①於… Ⅲ．①城市－垃圾处理－研究
Ⅳ．① X799.305

中国版本图书馆 CIP 数据核字（2020）第 264583 号

书　　名　城市治理——垃圾分类环节探讨
　　　　　CHENGSHI ZHILI——LAJI FENLEI HUANJIE TANTAO
书　　号　ISBN 978-7-5630-6340-6
责任编辑　毛积孝
特约编辑　王诗瑶　　赵联宁
责任校对　齐　岩
装帧设计　俞　朋
出版发行　河海大学出版社
地　　址　南京市西康路 1 号（邮编：210098）
电　　话　（025）83786678（总编室）（025）83787745（营销部）
网　　址　http://www.hhup.com
印　　刷　南京华众彩色印刷有限公司
开　　本　880 毫米 ×1 230 毫米　1/16
印　　张　4.25
字　　数　185 千字
版　　次　2020 年 12 月第 1 版
印　　次　2020 年 12 月第 1 次印刷
定　　价　35.00 元

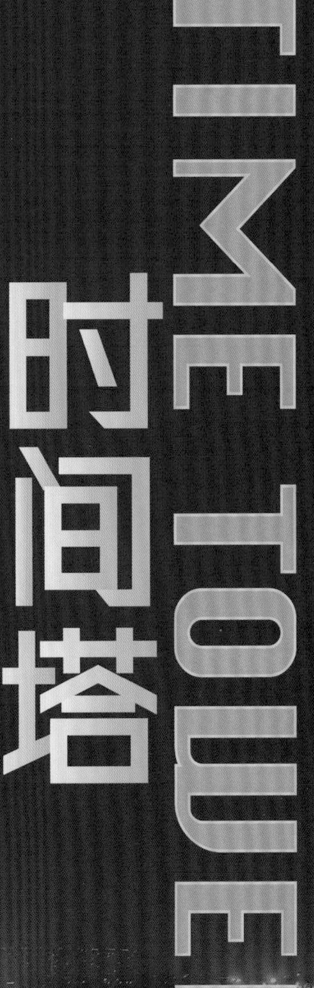

2020 青奥艺术灯会主题是“倾城光影，璀璨建邺”，共由“灯、展、演”三个部分组成。作为南京青奥灯会的核心项目，“时间塔”从诞生之日起就俘获了众人期许的目光。它从设计到落地，完成了一个“不可能完成的任务”。南京青奥艺术灯会组委会、南京滨江文化发展有限责任公司、南京云停文化发展有限公司共同为 2020 青奥艺术灯会特别定制了时间塔灯光艺术装置这项多媒体创意项目。本项目是当今世界唯一的 28 巨屏联动的集多媒体、建筑设计、灯光设计、戏剧表演、考古学以及非物质文化等各学科最高研究的跨媒体项目。时间塔灯光艺术装置荣获奖项：第八届 ArchitizerA+ Awards 建筑 + 合作类别 - 评委大奖、建筑 + 艺术类别 - 特别提名奖；中国照明电器协会景观照明奖产品设计创新奖；第三届江苏照明奖设计奖。

艺术家 冰逸

建筑师 朱小地

总策划 王小兰

时间塔

光塑造城市时空的通天之塔

"垃圾革命"的风暴是城市发展的必然趋势

"垃圾分类"一时成为主流媒体和社会各界谈论的热点话题。其实，近20年来，我国一直通过试点推进垃圾分类，近几年这项工作开始"提速"，引起了社会的广泛关注。2019年6月，国务院九部委专门发出通知，进行具体部署，明确了"时间表"：2019年，全国地级及以上城市全部启动垃圾分类工作；到2025年底，要基本建成垃圾分类处理系统。这就表明，"垃圾革命"的风暴已经来临，垃圾分类已由"选择题"变为"必答题"，已从倡导阶段进入强制阶段，这是改善生态环境、建设美丽中国的必然要求。

习近平总书记高度重视垃圾分类工作，指出实行垃圾分类，关系广大人民群众生活环境，关系节约使用资源，也是社会文明水平的重要体现。南京是国务院确定的46个生活垃圾强制分类先行实施城市之一，市委市政府深刻认识到要深入贯彻习近平总书记关于垃圾分类的重要指示精神，必须从推进生态文明建设和绿色发展的高度，重视和实施垃圾分类，加快设施建设、科学管理、习惯养成、立法配套等各项工作，确保垃圾强制分类按期全面开展、取得实效。

垃圾因人而生，垃圾问题归根到底是人的问题。为了不让我们的乡村淹没在成堆的垃圾里，为了节约能源费用，为了保持农作物的鲜美，为了不让垃圾与我们争抢土地，我们每个普通人，每家大小企业，每个发达国家和发展中国家，都应该担负起减少垃圾填埋、保护自然环境的责任。调查表明，全球垃圾问题并没有因经济发展和科技进步而减轻。目前全球垃圾中约有10%变为堆肥，12%被焚烧，填埋仍然是我们人类最基本的垃圾处理方式。垃圾处理是世界性难题，它同时意味着空气、水源和土壤污染，威胁我们的健康和生存。

各级各部门必须提高站位，深刻认识到垃圾分类是落实中央部署的政治任务，是城市发展的必然趋势，是提高治理能力水平的内在要求，切实增强责任感紧迫感，坚持对标先进、精准施策、系统推进、久久为功，加快建立分类投放、分类收集、分类运输、分类处理的垃圾处理系统，推动垃圾减量化、资源化、无害化处理。

（编写组）

目录 CONTENTS

城市治理 垃圾分类环节探讨

编委会

本书承全国政策科学研究会指导

主办单位 南京市城市治理委员会办公室 南京市城市管理局（南京市城市管理行政执法局）

承办单位 南京市城市管理局宣传教育处 南京市城市宣传教育中心

垃圾分类的心理迷思

■ 张纯 刘春玲

随着社会经济的发展，城市规模越来越大、生活垃圾也越来越多，垃圾围城之困也就显得日益严重。为解决城市环境污染，促进可持续发展、打造更加宜居的城市环境，各地相继出台了许多垃圾分类的法规及规定，这些法律、法规及规定都是试图通过规范人的行为，以使人的行为更加符合法律的规范，但上过规范往往忽视了个体或群体在垃圾分类过程中的心理动力学研究，所以就出现了“上面极力号召，下面响应很少”的尴尬局面。

本文试图从动力学的角度来分析人在垃圾分类过程中的心理动力，为城市垃圾分类提出一些符合心理发展规律的意见或建议。

从心理学的角度说，人的社会行为是社会刺激的集中反应，人的规范意识也是社会化的最终结果。因为人在社会化过程中，只有不断规范自己的行为，抑制自己的欲望，适应社会的需求，才能逐渐建立起规则意识，才能被社会所接纳并认同，如此反复的强化，最终才能让自己的规则意识内化为自身的道德，从而完成向社会人转化的过程。

一、垃圾分类的心理机制及管控策略

根据心理动力学的观点，人的行为是由强大的内部力量驱使或激发的。譬如饿了想吃饭，渴了想喝水，到了适婚的年龄就想结婚，对自己有利的事情就趋之若鹜；对自己不利的事情就避之不及等。所以，心理动力学认为，透过人的外显行为，可以推演出内心的动力；透过其心理的动力，也可以预判其后续的行为。

一般说来，垃圾分类的个体行为及认知可以分为三个阶段。

（一）完全利己阶段

人类从未有过现代意义上的垃圾分类传统，所以在垃圾分类的初级阶段，个体会对垃圾分类的行为产生歧义，如果宣教工作不到位，就很有可能在依法规范个体垃圾分类行为的过程中，触发完全利己的心理扳机，产生心理阻抗，甚至会导致社会冲突。

在垃圾分类的初级阶段，个体行为一般会遵循“完全利己的原则。”垃圾分类的相关法律法规及要求，要有利于“利己”的需求，“凭什么要我做？”“我为什么这么做？”强行推进垃圾分类，就会产生抵触情绪及抵触心理。“最大限度地满足自己的欲望，最小限度地受到别人的约束。”这个阶段的心理特征具有完全利己、以自我为中心的特点。

在这个阶段，当垃圾分类的规范损害了个体的所谓“利益”，个体就会出现心理学意义上的“乞食效应。”就会陷入“管理者讲法理、行为人讲道理；管理者讲道理，行为人讲情理；管理者讲情理，行为人讲心理；管理者讲心理，行为人不讲理”的怪圈。

“完全利己阶段”是垃圾分类必须经历的阶段。社区居民或因没有受过良好的教育、或因法律意识不强、或因自身没有环保理念、或因受到社区不良环境的影响，他们对垃圾分类的认知只停留在垃圾分类的初级阶段——“完全利己阶段。”

人类对于陌生的事物，都有一种本能的方案。“不了解，才不理解”，在垃圾分类的初始阶段，一是要利用社区自身的宣传媒介，如橱窗、路牌、楼道宣传栏或利用公共活动区域的横幅等多种形式，加大垃圾分类的宣传力度，反复刺激、反复强化、力争做到家喻户晓。

二是要根据心理学“经典条件反射”理论，鼓励街道或社区，制定一套切实可行且形式多样的“惩罚机制”，强化“陌生人社会”的规则意识，增加垃圾分类行为的约束力，让垃圾分类逐渐成为社区公众的行为范式。

（二）有条件利己阶段

著名社会心理学家霍兰德认为，人的行为发展有赖于各种复杂关系的相互联系、相互作用、相互约束。

动物的趋利避害是源于其自身的本能，这种本能是与生俱来的，也是生物不断向高级进化的保证。人的社会化的过程，就是有条件获利和无条件避害的过程。所以，在精神分析理论中将这种有条件获利和避害的过程，解析为“人格的自我平衡阶段。”这种自我平衡的能力，是根据外在环境和自身利益、遵照趋利避害的原则，做出的有条件的选择。

“垃圾分类虽然好，如果麻烦做不了。”在垃圾分类的“有条件利己”的阶段里，人们对于法律及社会规则的接受，停留在有条件自律或他律的阶段。这个阶段的个体往往会呈现出人格的两面性，认同法律及规则的重要性，但要做出有利于自己、有条件选择。

按照社会交换论的观点，社会公众的行为一般都会遵循利益最大化，成本最小化的原则，这个理论对社会交往中的

报酬和代价进行分析。那些能够给我们提供最多报酬的人，是对我们吸引力最大的人，这个报酬就包括物质和精神两部分。“为了得到报酬，就必须付出报酬”，这就是人类社会行为的动力之一。

“有条件利己阶段”是垃圾分类的第二个阶段，在“有条件利己阶段”里，各级组织均可以利用自身的资源优势，组织公众参与以垃圾分类为主题的演讲、竞赛、掼蛋、书法、广场舞等喜闻乐见的各类竞赛或评奖活动，逐渐提高垃圾分类的公众参与度，进一步强化垃圾分类的心理辨识度，引导公众从被动状态下的垃圾分类，向主动状态下的垃圾分类转化，让社会公众在参与垃圾分类的过程中，得到小实惠（物质），获取大满足（心理）。

在“有条件利己阶段”，要将“经典条件反射”中的“负强化”－“惩罚”为主的手段，向“正强化”－“奖励”为主的手段转移。

（三）无条件利他阶段

“无条件利他阶段”是个体垃圾分类行为及认知发展的最高阶段。法国著名社会学家涂尔干认为，这个阶段是个体对于垃圾分类行为规范已经完全转化为内在行为需要的阶段。

在“无条件利他阶段”中，垃圾分类行为已经完全内化

成了个体的道德并已将自己的行为升华到了崇高的境界。“为了全球生态环境的可持续发展，为了降低人类对自然环境的破坏，为了人类自身的再生产，我们要保护环境、保护地球，让家园绿意融融。”所以，垃圾分类的“无条件利他阶段”，也称之为“规则内化阶段”。

18 世纪法国的著名思想家让 · 雅克 · 卢梭认为：“法律既不是刻在大理石上，也不是刻在铜表上，而是要铭刻在公民的内心里。”这种铭刻在公民的内心的过程，就是法律及规则内化成公民道德的过程。

众多的研究资料表明，社会责任感和利他行为正相关，社会责任感越强的人，越容易出现利他的行为；道德水平越高的人，越容易做出亲社会行为。也就是说，在垃圾分类的推广中，社会责任感强和道德水平高的人，将会是垃圾分类的依靠力量。

奥地利精神分析创始人弗洛伊德的人格“三我”结构：将人格结构划分为本我、自我、超我三个层次。完善的人格要满足“超我、自我、本我”的内在协调一致的原则。

“本我”遵循的是“快乐的原则”——想要的时候我就要，代表着个体原始欲望的满足及本能的冲动。

“自我”遵循的是“现实的原则”——能要的时候就要，不能要的时候就不要，代表着个体趋利避害的心理特征。

“超我”遵循的是“道德的原则”——利他的时候我才要，代表着个体道德化的自我。其是社会规范、伦理道德、价值观念内化的结果，是人格结构中至善完美的道德阶段。规则内化于心、外化于行，是“蓬生麻中，不扶自直”的至高至美的境界。

“无条件利他阶段”就是个体的“超我”阶段。在这个阶段里，要培育自觉、理性的社区文化，加强个体的道德约束力。其心理管控手段，也要从物质上的“惩罚 – 奖励”变为精神上的鼓励。

二、“垃圾分类推进难”的原因分析

（一）标准过高

各地垃圾分类的标准太高，是“垃圾分类推进难”的重要原因之一。

市民接受垃圾分类的理念并成为自身行为的标准，是一个从低到高，从简单到复杂的渐进过程。垃圾分类要分阶段

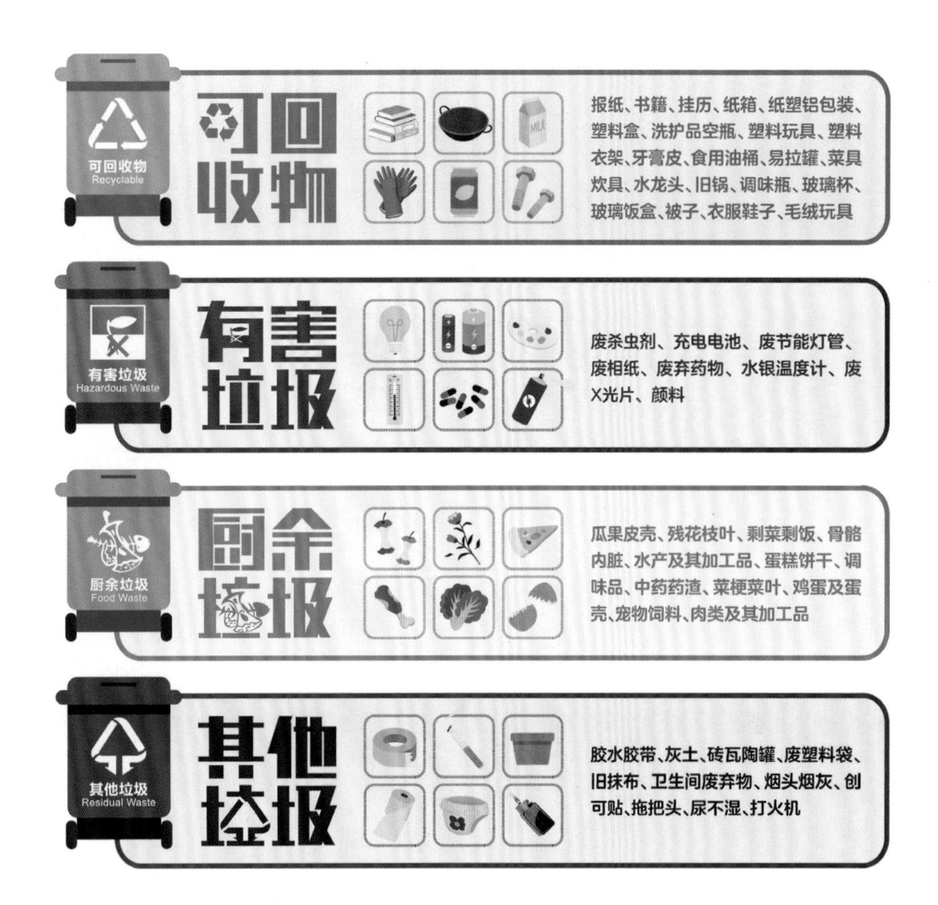

进行，那种“短时间快速推进垃圾分类”的想法，超越了社会心理的承受能力，一定会事倍功半。

深度心理学认为，人类对熟悉事物会产生安全及舒适的感觉，对陌生事物会产生紧张、戒备的感觉。由于人类几千年来鲜少有垃圾分类的传统，所以垃圾分类标准越高，社会接受度就会越低，推广起来的难度就会越大，就会产生难以逾越的社会心理障碍并出现强烈的抵触情绪。

心理学有种“登门坎效应”，是说一个人如果接受了一个较低层次的要求以后，为了避免认知上的不协调，避免给人以前后不一致的印象，这个人就不自觉地产生一种对熟悉行为的“路径依赖”。一旦接受了较低的标准，就容易接受别人提出的更高层次的要求。这种现象，被美国社会心理学家弗里德曼与弗雷瑟称为“无压力屈从行为”。

所以，垃圾分类要分阶段进行，初始标准不宜过高，否则事倍功半，达不到应有的效果。

（二）措施不当

措施不当主要体现在垃圾分类、推广和实施措施上不够精细和精准，手段较为单一。目前各地均未制定出有针对性的预案，所以，各地采取的措施基本上还停留在“子弹式推广”的阶段，很少互动交流。

俗话说“人数过百，形形色色”，意思是说不同的人，有不同的心理现象及行为特点，所以人是世界上最复杂的生命现象。在垃圾分类的问题上，要针对不同社区的不同人群，采取不同的措施。

1. 高档社区：以“三高人群”（高收入、高学历、高智商）为主。此类居民平时的压力大、节奏快、时间少，所以参与社区活动的热情不高，服从性差，邻里之间鲜少交流。

由于此类居民的自我感觉好，思辨能力强，所以对物业的配合度相对就较差。在遇到“垃圾分类”问题时，一般都会问几个为什么？前端分类了，末端做好了吗？如果末端处理还没有准备好，为什么要我们分类呢？岂不是劳民伤财吗？

2. 低档小区：平均收入低、闲暇时间多，邻里关系好，参与社区活动的热情高，服从性较好。

垃圾分类的主体是人，所以在推进垃圾分类时，要加强心理规律的研究，不能“一剂药方，治疗百种疾病”。

（三）宣传单一

心理学有种“真相错觉效应”，意思是说通过反复宣传、反复暗示，向个体或群体高频次发送某种理念的过程，就可以打消公众疑虑，消除个体及群体陌生感，从而达到群体认同的效果。

但是，由于现代人获取信息的渠道较多，任何单一的、鼓噪的宣传暗示，往往起不到群体认同的效果。所以，在垃圾分类的宣教中，要根据媒体传播的规律，利用各种不同的媒介，直接或间接、含蓄或明了地向社会公众发出信息，促使社会公众做出符合“垃圾分类”规定的心理或行为反应。

（四）奖惩力度不够

著名心理学家斯金纳从实证主义思想和操作主义的立场出发，研究了人和动物的行为。他认为一切行为都是由刺激与反射构成的。客观有刺激，主观就会有反应，他把这种行为称之为应答性行为。虽然斯金纳的这种理论受到了广泛的批评，但斯金纳的刺激反射原理，却一直受到心理学界的追捧。

“阳性强化法”也称“正强化”法，就是通过及时奖励当时人的目标行为，忽视或淡化当时人的不正常行为，促进目标行为产生的方法。可以说，适当的奖励，就是对当事人行为进行阳性的强化，以使其行为逐渐符合社会的规范。

“阴性强化法”也称“负强化”，就是通过及时惩罚当事人的那些不符合目标的行为，以使这些行为削弱甚至消失，从而保证目标的实现不受干扰。

所以，奖励和惩罚的形式、手段、规则可以多种多样，但是其力度要足以对其行为及心理产生影响。

三、垃圾分类意识的培养及策略

从社会学的角度来说，社会集体意识是指社会成员对集体目标、信念、价值与规范等的认识与认同，表现为社会成员自觉地按照社会规范要求约束自己的行为，并对个人服从

集体利益产生责任感、荣誉感和自豪感。

市民垃圾分类意识的养成，要满足几个条件，一是合理合规；二是有奖有罚；三是利己利他；四是互助友爱；五是有学习的标杆。

“合理合规”是指垃圾分类要有法律倡导或强制的依据。

“有奖有罚”是指垃圾分类要有行为强化或心理引导的措施。

“利己利他”是指垃圾分类要和个体自身的行为得失产生关联。

“互助友爱”是指垃圾分类要利于个体的归属感和集体的荣誉感。

“有学习的标杆”是指垃圾分类行为要有模、有范、有榜样。

集体意识的培养是一个渐进的过程，垃圾分类意识也是这样，不可能一蹴而就。从社会心理学的角度说，推进垃圾分类建设，首先要了解个体心理的发展过程及社会心理的普遍诉求，因势利导，四两拨千斤，加以宣传引导，才能让垃圾分类真正成为社会公众的“集体意识选择”。

党的十九大报告提出了“加大全民普法力度，建设社会主义法治文化，树立宪法法律至上、法律面前人人平等的法治理念。”

加强法制宣传，弘扬法律依据，普及相关知识，规范个体行为，打造法治社会，促进法治文化的建设，让法治的观念深入人心，形成心理学意义上的“皮格马利翁效应”。

中国几千年来从未有过垃圾分类的传统，生活废弃物垃圾的处理，也一直都是“随手扔”。这种不良习惯一旦进入某一路径，（无论是“好”还是“坏”）就会对这种习惯产生“路径依赖”。

要打破这种“路径依赖”，树立新型的环保理念，当然要坚持“以政府为主导、社会积极参与”的原则，加大垃圾分类的宣传力度，才能最终促使公众的行为偏离原有的“路径依赖”，朝着舆论倡导的方向发展。

利用广播、电台、网络、报纸及宣传栏、社区横幅、路牌广告等载体，开展形式多样的宣传，形成心理学意义上的“集束效应”。

邀请律师说法，成立社区模拟法庭，还可以组织专家、学者、网红开设垃圾分类的栏目，强化公众的垃圾分类意识。利用好媒介的宣传张力，推进城市垃圾分类的宣传及建设。

利用现有的教育资源优势，开展多种形式的以垃圾分类为主题的宣传和教育活动。充分发挥学校课堂的主渠道作用，推进垃圾分类教育进校园、进课堂、进大脑。建立一套垃圾分类宣传的长效机制，鼓励孩子成为垃圾分类领域的小标兵，在学生中形成“罗森塔尔效应”，让孩子们从小就知道垃圾分类是功在当下、利在千秋的好事情，从小就做一个文明的南京人。

利用社区资源，定期或不定期地举办一些由社区居民喜闻乐见的、与垃圾分类主题有关的知识互动活动。如举办以普及垃圾分类为导向的有奖问答、灯谜竞猜、掼蛋比赛、斗舞比赛、歌咏大赛等；也可以在社区层面建立“垃圾分类论坛”，让社区公众畅所欲言，说自己的事儿，说自己身边的事儿，说自己想说的事儿，说出他们内心的真实想法，培育社区的环保文化，强化社区邻里之间的道德约束力，为垃圾分类贡献自己的智慧和力量。

垃圾分类信息化研究之探讨

■ 杨逢银

根据住建部《生活垃圾分类制度实施方案》的要求，我国的目标是到2020年底，基本建立垃圾分类相关法律法规和标准体系，形成可复制、可推广的生活垃圾分类模式。按国家计划，明确到2020年，46个重点城市基本建成生活垃圾分类处理系统；到2025年，全国地级及以上城市基本建成生活垃圾分类处理系统。因此，2020年是验收垃圾分类工作成效的关键之年，北京、上海、深圳等城市先后就生活垃圾管理进行修法或立法，这也是对国家政策的快速响应。通过督促引导，强化全流程分类、严格执法监管，让更多人行动起来，推动垃圾分类工作顺利展开。

一、当前垃圾分类的总体情况分析

随着全国各地大力推进垃圾分类工作，垃圾分类已经从部分地区试点转入全面推广的阶段。但是从垃圾分类前期实践来看，还存在诸多问题，比如居民垃圾分类意识依然比较淡薄、社会协同力度还不够、垃圾回收体系尚不完备，特别是垃圾分类的闭环系统尚未形成，源头分类不实、中端运输混运、后端处理混合等问题较为突出，严重制约了垃圾分离治理的效果，亟须破解源头分类难和后续环节“梗阻”的难题。习近平总书记曾强调，提高城市管理标准，要更多运用互联网、大数据等信息技术手段，提高城市科学化、精细化、智能化管理水平。近年来，伴随着一系列新技术的应用，我国政务信息化正朝着智慧政务的方向推进， 最多跑一次、智慧安防、智慧停车……这些新技术作为赋能政府的重要手段，正在不断提升政府的公共服务能力。而对于垃圾分类这一传统工作领域，智能化的数字技术则有利于城市垃圾分类管理从传统的人为管理向智能化、大数据管理转变。破解垃圾分类难题，提高城市环境治理精细化水平，各地政府正不断通过数字经济赋能垃圾分类产生“智”变，构建起一条全链条垃圾分类体系，引领绿色发展的新路径。

二、垃圾分类信息化需要智能管控无缝监管

垃圾分类信息化最直接的效益在于减少监管成本。哪家哪户投放的垃圾，投放的确切重量和时间，未来垃圾分类向谁收费、收多少，分类是否正确等，原本零散的、不成体系的社区用户分类信息正通过5G、大数据、云计算等数字技术，

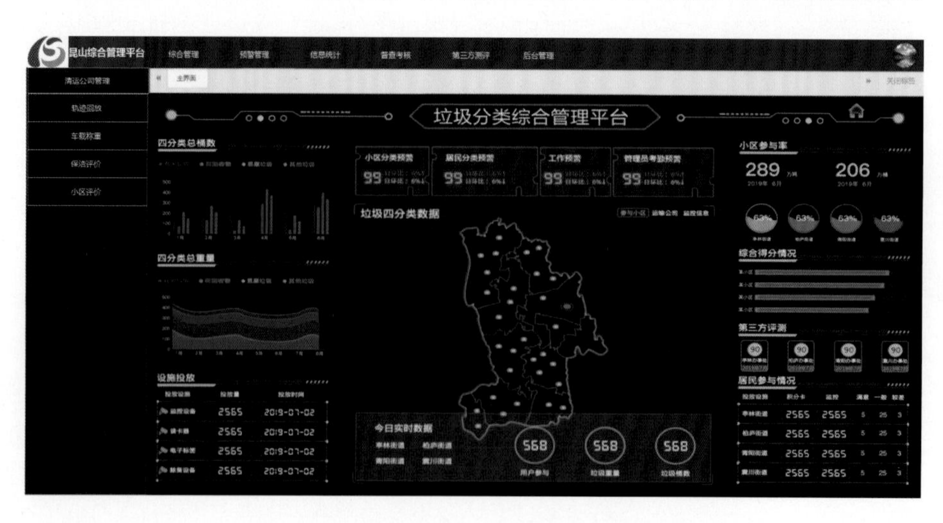

构建了体系化的智能管控用户模型，并以翔实的数据资源作为底层基础，形成了整个城市的环境治理体系。这些数据的最终价值，能够帮助城市管理者对城市环境治理工作做出最精准的研判。

以江苏昆山为例，近年来，昆山创新建立了“一领新动”的工作推进机制，试点开展“定时定点”垃圾分类投放模式，并探索垃圾分类智能监控和语音督导相结合，推动垃圾分类由人工督导向智能督导转变。这种转变很快取得成效，经过2个月试运行的昆山垃圾分类智慧平台正式通过验收并上线，这也标志着昆山垃圾分类信息化实现了全新一跃，为昆山之路的高质量发展再添新动力。

据了解，此次上线的垃圾分类综合管理平台由来自于全国的数字经济高地——浙江的知名环境服务商“联运环境”研发，作为全天候的无缝监管平台，这套管理系统会实时跟进垃圾清运的源头投放和中端清运，通过源头收运、运输中转两个环节对垃圾分类进行监管，倒逼前端垃圾分类提质增效，最大化实现垃圾分类减量和资源化利用。车辆配备的高清摄像头可记录垃圾的类型，是否干湿混装等现象一看便知；清运全程配有 GPS 定位系统，可以进行轨迹反查，查看车辆是否按规定路线运输；在清运作业完成后，相关点位则会显示对应的状态，覆盖点位以地图的形式显示具体位置，当天完成了清运作业的显示为绿色，未完成的则为红色。

这种通过信息化手段的应用和监管考核体系，实现了垃圾分类工作监管一张网式的规范化管理，提升了昆山市垃圾分类作业质量，降低了监管运营成本，有效促进了垃圾分类产业数字化、精细化管理，为昆山市垃圾分类运营监管提供了科学手段与依据。如今，昆山垃圾分类信息化平台已应用于昆山市 11 个区镇、4 个城市管理办事处所辖社区和 1000 多个小区，成为昆山城市大脑的重要模块，为推动新时代高质量发展的“昆山之路”提供了有力支撑。

三、垃圾分类信息化需要“一区一档一码”管理，实现信息可视化

垃圾分类是城市生活方式和治理模式的一次革命，是城市治理体系的重要组成部分。近年来，许多垃圾分类的先行城市大力探索“科技 + 管理”的长效机制，采取建立可追溯信息化系统、在垃圾投放点加装智能设备、采用创新小工具等方式，通过科技手段促进垃圾分类投放习惯的养成，有效提升了垃圾分类的覆盖率。

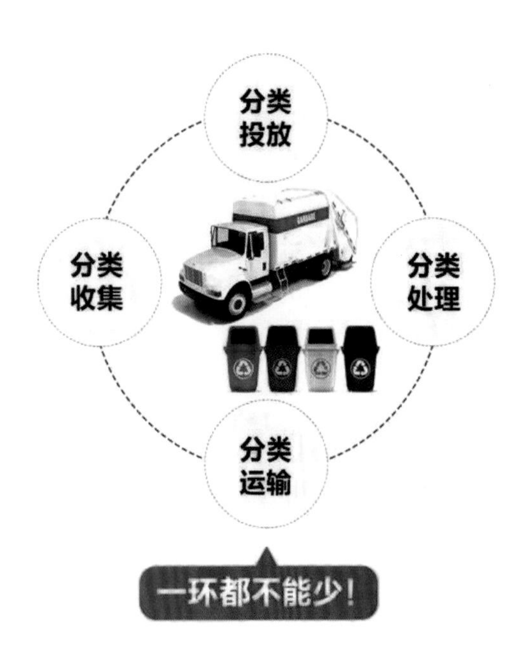

以“联运环境”研发的垃圾分类综合管理平台为例，它将社区垃圾房、垃圾亭、垃圾桶和小区信息进行绑定，形成社区专属垃圾分类档案，设备所在的小区内，每家每户都会有一张带二维码的智能垃圾分类卡，实行实名制、积分制，如此不但可以激励居民参与垃圾分类投放，还可以对投放错误的居民进行追溯。通过这种“智能 + 人工”的运营方式，规范投放行为，确认责任主体，对不合理的投放行为能做到有违必查，追踪到个人，并且基于数据挖掘技术对用户行为画像，为垃圾的分类的源头登记制度提供数据支撑，打造垃圾分类的“征信”体系，最终实现“一区一档一码”管理，并可以实时采集汇总市民垃圾分类参与率、垃圾分类效果准确率等信息，实现社区垃圾分类参与情况、投放情况、分类情况、运输情况、设施设置达标情况等的运营监管。

在杭州市余杭区，作为浙江的数字经济高地，“联运环境”帮助余杭打造的垃圾分类云平台将垃圾分类涉及的各个环节串联起来，结合阿里巴巴“城市大脑技术”，对分类投递、收运调度、车辆管理、人员管理、预约回收和积分兑换等内容做出实时判断监控，使垃圾分类实现可视化，有效管理垃圾分类前端收集、中端收运及末端处置时的数据，量化分类成果，追溯问题根源，为管理决策提供依据。通过数据管理、分析、决策，实现了城镇垃圾分类回收服务高效化，提升了城市环境治理效能，打造了未来智慧城市的样板。

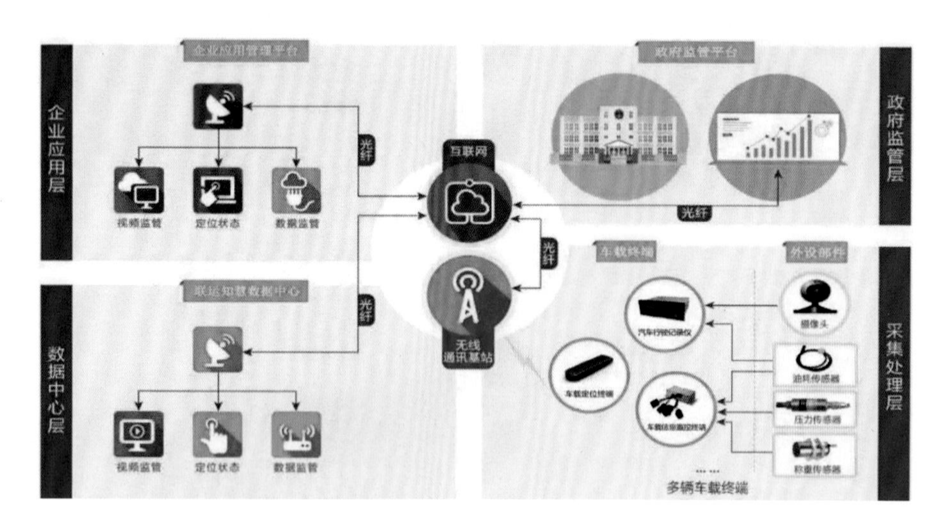

四、垃圾分类信息化可建立在线一键考评体系，提高基层垃圾分类自治能力

社区基层工作千头万绪，垃圾分类更是一项系统又复杂的工作，需要像绣花针一样进行管理。很多垃圾分类相关政策和制度落到社区执行层面，涉及的就是对每户家庭、每个人进行宣传、引导、监督等，加上很多社区住户混杂，人员教育水平不同、年龄不同，都会增加垃圾分类治理的难度。只有精细化的管理，才能提供更精准的服务，才能从根本上提高社区的自治化能力水平。

垃圾分类信息化可建设在线一键考评体系，形成智慧化的管理体系，促进社区基层管理实现自治。管理人员只需要一台手机，通过 App 扫码，就会出现对应的居民分类信息，然后依据分类情况给予其“好”“中”“差”的评价，以此来增强居民垃圾分类的积极性，巩固居民的分类投放习惯。这种采用智慧化技术并通过绩效考核的考评手段，可以确保管理人员职责落实，从而建立长效机制、落实绩效考核。

“联运环境”帮助地方政府通过信息化平台建立了完整的一键评分考核体系，管理人员可通过手机 APP 对社区垃圾分类情况进行考核评分，主要包括：检查考核、保洁评价、第三方测评和小区评价。后台根据上传的考核信息进行打分并自动排名，每个覆盖小区的垃圾分类情况和居民对垃圾分类的满意度一目了然，排名高的社区给予表彰奖励，排名靠后的社区则会被通知整改，改变了过去靠管理人员手动报数考评的工作机制，减轻了基层管理的负担，从管理上实现了居民垃圾分类自治，从意识上提高了居民垃圾分类的自觉性。

（作者杨逢银系浙江工业大学公共管理学院副教授）

编者按：随着垃圾焚烧处理发电技术的日趋成熟，生活垃圾焚烧发电成为城市生活垃圾“减量化、资源化、无害化”的主要方式；结合城市生活垃圾焚烧发电项目，由光大国际、东南大学和南京嘉至信息技术有限公司组成联合课题组，对飞灰安全处置体系智能化升级进行了研究与实践，为国内生活垃圾焚烧发电有效控制飞灰对环境的二次污染提供一定的指导与参考，对生活垃圾从焚烧发电向全面“智能化”运营的实践提供了新思路。

浅谈生活垃圾焚烧发电项目飞灰安全处置体系智能化升级

■ 吴永新

新一轮科技革命和产业变革正蓬勃兴起，根据中央深改委《关于深化新一代信息技术与制造业融合发展的指导意见》，制造业要加快生产方式和企业形态的根本性变革，提升数字化、网络化、智能化水平。

在国家政策的大力支持下，随着城市生活垃圾“减量化、资源化、无害化”处理需求的日益增长，我国垃圾焚烧处理技术近年来发展迅速，已成为我国城市生活垃圾处理的主要方式。解决生活垃圾焚烧发电过程中飞灰安全处置体系智能化水平的课题，对于发挥智能化在垃圾焚烧发电全要素生产率提升中的作用，对全面推动垃圾焚烧发电行业乃至废弃资源综合利用业的数字化、智能化管理都具有十分重要的意义。

一、城市生活垃圾焚烧飞灰安全处置体系智能化升级的意义

飞灰是生活垃圾焚烧发电的产物，约为入炉垃圾量的3% ~ 5%。因富集多种重金属、二噁英等污染物，故生活垃圾焚烧飞灰被列入我国国家危险废物名录[1]。我国的《危险废物污染防治技术政策》(国家环境保护总局，2001) 中第9条对飞灰的规定: 生活垃圾焚烧产生的飞灰必须单独收集，不得与生活垃圾、焚烧残渣等其他废物混合；不得与其他危险废物混合；不得在产生地长期贮存；不得进行简易处置及排放。生活垃圾焚烧飞灰在产生地必须进行必要的固化和稳定化处理之后方可运输，生活垃圾焚烧飞灰须进行安全填埋处置。

从减量与安全的角度，目前我国对生活垃圾焚烧飞灰普遍采用有机稳定化药剂进行无害化处置[2]。作为垃圾焚烧全过程污染控制与风险防范的核心环节，与其他污染处置相比，由于受到飞灰重金属快速检测等技术制约，飞灰安全处置目标的实现往往更多依赖于行业经验与人工技术，在飞灰安全处置管理的科学性、系统性方面存在提升空间。

在我国大力推行垃圾分类的背景下，进入焚烧发电处置的城市生活垃圾将进一步趋向结构稳定状态，飞灰污染物组分也将呈现有序状态。应用信息技术实现飞灰安全处置体系

的信息化、智能化及其升级，将有助于打破技术壁垒、准确把握飞灰组分构成及其变化规律，对提升生活垃圾焚烧发电科学管理与安全环保风险管控水平具有重要指导和实践意义，同时有利于达到飞灰安全处置体系“五化”的目标：

1. 生产数字化。针对飞灰安全处置流程建立“人、机、料、法、环”的数据连接，将现场数据融合形成完整的闭环系统；通过对全流程数据的采集、传输、分析、决策，优化资源动态配置，为飞灰安全处置体系提供智能化管控支撑。

2. 风控日常化。对飞灰安全处置流程设置不同等级风控点，通过机联网、传感器等物联网技术，实现集成互联和感知，通过数据分析和可视化，及时传达各类风控预警信息及解决方案，确保各类风险可控、闭环管理。

3. 管理系统化。建立飞灰安全处置 OKR 智能衡量系统，进行全方位、全过程信息化管理，充分应用云计算、大数据、物联网等技术，预见问题与难点，主动持续改善，实现飞灰安全处置体系效率提升、成本降低、结果可控。

4. 处置精益化。飞灰安全处置智能化体系可以展现现状与目标之间的差距，精准定义、聚焦改善项目，推动持续改进，切实提高飞灰安全处置稳定性和资源消耗的合理性，进而推动生活垃圾焚烧发电全面向“智能化”管理发展。

5. 决策科学化。基于飞灰安全处置全流程的数据统筹与数据融合，高容量、多维度、快速化呈现飞灰相关信息及其特性变化，可不断加深、拓宽对飞灰安全处置规律的认识，提高飞灰安全处置科学化决策水平。研究垃圾分类之后对城市生活垃圾焚烧的影响、评估与积累原始数据，可以为城市管理者提供决策依据。

二、城市生活垃圾焚烧飞灰安全处置体系智能化升级路径

飞灰安全处置体系智能化升级是生活垃圾焚烧发电“智能化”运营的整体规划与顶层设计的组成部分之一，以解决飞灰安全处置流程中的核心痛点为推动，以优化飞灰安全处置关键“智能化”路径为阶段性目标，构建“全流程数字化→数据融合与分析→智能化服务”的相互依赖、相互促进的飞灰安全处置体系，这也是其智能化升级路径（图 1）。

1. 厘清痛点。在生活垃圾焚烧发电高质量发展的要求下，现阶段飞灰安全处置流程中亟待解决的痛点日趋明显，其包括飞灰取样缺乏科学性、过程数据的碎片化导致信息孤岛、处置决策过多依赖经验等。这些痛点是飞灰安全处置体系智能化升级的动因，也是必须要解决的问题。

2. 全流程数字化。飞灰安全处置流程主要包括飞灰稳定

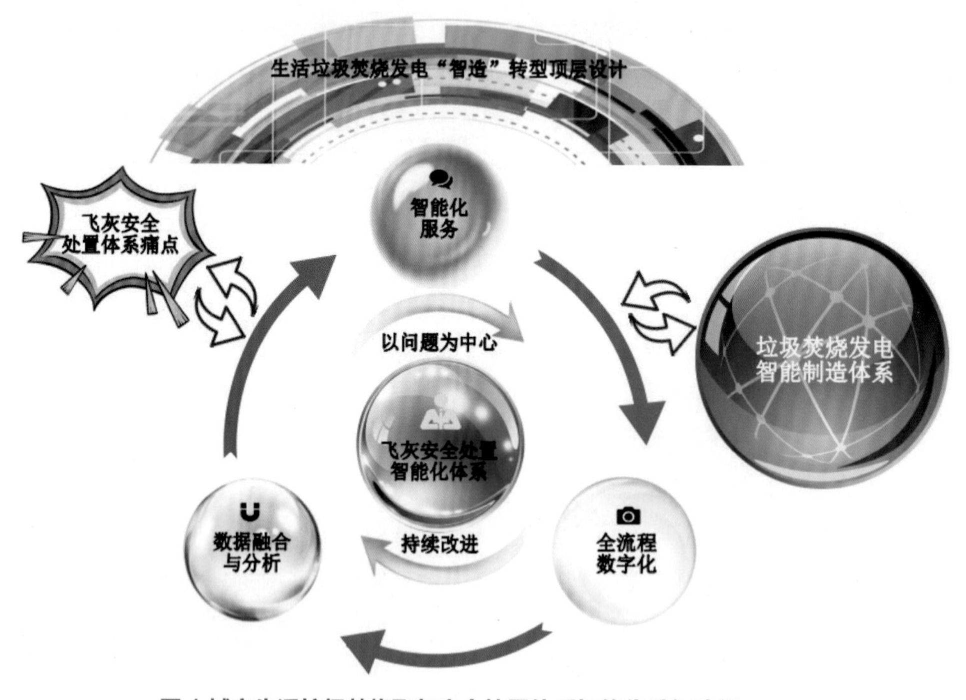

图 1 城市生活垃圾焚烧飞灰安全处置体系智能化升级路径

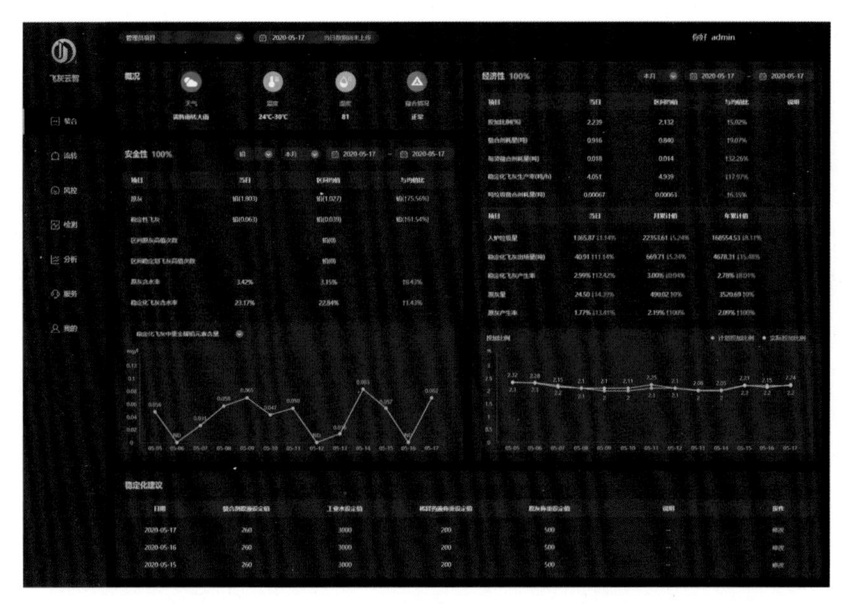

图 2 飞灰安全处置管理软件计算机端界面示例（图中数据为展示模拟数据）

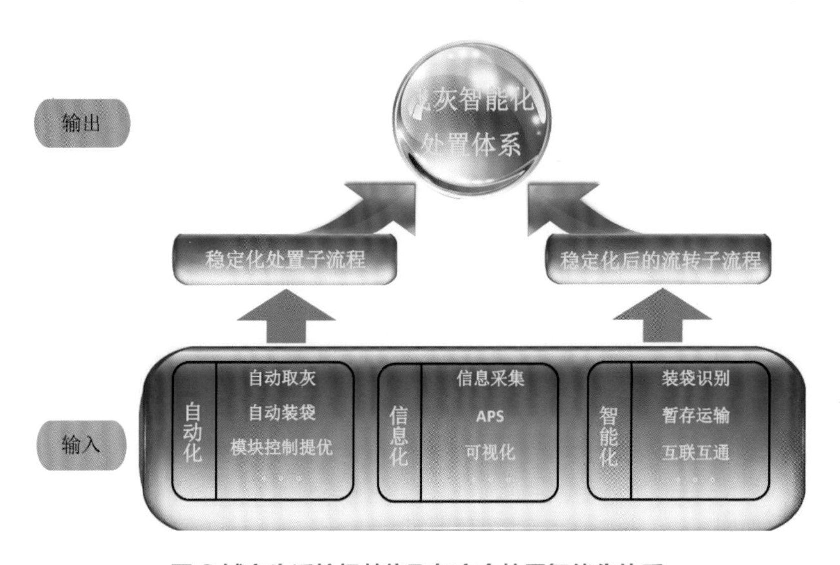

图 3 城市生活垃圾焚烧飞灰安全处置智能化体系

化和稳定化后的流转两个子流程。通过明确流程中人员、设备、材料、信息等互联关系，梳理出有关的生产、检测、环境、管理等数据范围，通过自动化设备、物联网、局域网等技术手段实现流程数字化。例如，对作业环境存在潜在职业健康风险但又必须日常进行的原灰取样，进行人机联动改造，以自动取样设备取代人工操作；自动获取飞灰稳定化处置的物料投入、实时工况等状态数据；这样既能获得更有代表的飞灰取样样本，又改善了作业人员因可能接触废弃物带来的潜在职业健康风险，系统同时自动获取稳定化飞灰装袋重量、作业时间、检测情况、暂存区域、入出库时间等数据。

3. 数据融合与分析。打通与飞灰处置计划、执行、设备相关的各种数据流，基于云计算、移动办公等信息技术，构建飞灰安全处置管理软件系统，提供全流程数据融合平台，将不同工作环节的设备、软件和人员无缝集成到协同工作系统，实现互联、互通。采取不同的数据确认机制，在完成数据筛查、保证数据传输可靠的基础上，将各类数据有序整合，实现数据共享、及时同步。通过数据分析与挖掘、合理算法的迭代，将全流程产生的大数据进行规整、处理和加工后转为各类可利用的信息并形成数据资产。

4. 智能化服务。利用移动端、计算机端等平台，为各层级管理者和执行者提供相应的飞灰安全处置可视化、智能化服务。根据飞灰安全处理全流程管理要求，提供定制化的智能服务，使高层掌握结果、中层通晓过程、基层精准执行。通过建立完整、高效、持续改进的智能化体系，打通客观信息与管理指令的边界，挖掘数据整合的潜在价值，使统计分析、风险预警、偏差追溯、闭环管理更加便捷。例如不同层级人员及时获取相应的飞灰安全处置预警信息，掌握解决方案执行情况，形成风控闭环管理。不同层级人员实时掌握相应的飞灰稳定化处置工况，知晓稳定化飞灰流转状态（图 2）。

由现阶段痛点触发的飞灰安全处置体系智能化升级，将引发飞灰安全处置智能化体系的形变、量变及质变，实现由单一推动到融合推动的螺旋式上升及发展，持续满足新需求、适应新形势，进而更好推动并融入生活垃圾焚烧发电智能化运营发展过程中。

三、城市生活垃圾焚烧飞灰安全处置智能化体系应用成果与未来展望

1. 促进飞灰安全处置数字化转变。由智能化升级形成的

表 1 城市生活垃圾焚烧飞灰安全处置体系智能化升级前后情况对比

序号	飞灰处置流程	智能化升级前	智能化升级后
1	飞灰稳定化	**人工取样** 取样科学性欠缺；时间成本高；作业环境存在潜在职业健康风险	**人机结合** 自动设备根据设定时间连续取样； 时间成本低；潜在职业健康风险低
		数据孤立存储 数据不共享，工作记录分散，信息分析与预警组织、协调成本高、及时性较低	**数据融合与分析** 数据自动接入大数据库并形成同、环比分析，根据管理设定要求自动发送预警提示，解决方案闭环管理
		处置决策经验化 稳定化处置通常根据既有经验进行，稳定化药剂使用量普遍偏高，风险处置以事后解决为主，安全处置结果存在一定的不确定性	**处置决策科学化** 稳定化处置依据大数据、云计算及相关预控提示科学进行，稳定化药剂使用量更为合理，风险处置以预防为主，安全处置结果稳定性高
2	稳定化后的流转	**稳定化飞灰无智能身份识别** 在检测、暂存、入出库、运输等环节无法高效实现追溯管理； 如发生二次处理，需完整批次进行，处理成本高、处理时间长	**稳定化飞灰具有智能身份识别** 在检测、暂存、入出库、运输等环节均可高效追溯管理； 可实现暂存与出库有序管理； 若发生二次处理，可实现精准处理

飞灰安全处置智能化体系（图 3），使飞灰安全处置体系实现了数智化转变（表 1）。

2. 促进飞灰安全处置结果稳定性提升。飞灰安全处置智能化体系在构建生产数字化的基础上实现了决策科学化、风控日常化，促进飞灰安全处置结果更加稳定。

以国内某垃圾焚烧发电厂为例，自 2020 年元月进行飞灰处置智能化升级试点，至 2020 年 6 月，逾 40 个安全处置智能风控点有效发挥作用，稳定化飞灰监测指标全面达标，飞灰稳定化结果优异。其中，关键重金属铅、镉元素稳定化后均处于低值范围，接近 ND 的数据分别在 60%、70% 以上; 其他监测指标均未发现异常; 稳定化飞灰长期稳定性优良，留样期 3 个月、6 个月后的实验室留样样品的检测值基本与当时的检测值一致。

3. 促进飞灰安全处置环境友好性提升。飞灰安全处置智能化体系带来飞灰处置全流程管理的精益化，使飞灰处置过程中飞灰稳定化药剂、工业水等资源消耗得到较为精准的控制，对稳定化飞灰产生率实现了科学管控，促进了“减量化”成果的进一步显现，从而合理节约填埋成本，减少填埋空间占用，对环境更加友好。

4. 增强生活垃圾焚烧发电“智能化”，创新运营活力。飞灰安全处置智能化体系使人员从重复性工作中解放，促进人员对飞灰安全处置智能化发展的参与度与积极性，释放、集聚更多创新潜能，形成合力，推动生活垃圾焚烧发电向“智能化”运营方向发展。

飞灰安全处置体系的智能化升级是生活垃圾焚烧发电污染防控的核心创新单元之一，通过应用新一代信息技术实现了数字化转变，切实提高了生活垃圾焚烧电厂全面履行环保责任的能力与水平。随着 5G、人工智能等技术的发展，飞灰安全处置智能化体系自身具备的持续发展能力，必将撬动生活垃圾焚烧发电向智能化管理迈上更为坚实的一步。

（作者系光大环保（中国）有限公司副总裁）

参考文献：

[1] 章骅，于思源，邵立明，何品晶 . 烟气净化工艺和焚烧炉类型对生活垃圾焚烧飞灰性质的影响 [J]. 环境科学，2018(01):470-479.

[2] 陈维玉，张星星，严思泽等 . 垃圾焚烧飞灰中重金属的药剂稳定化处理研究 [J]. 广东化工，2018(14):51-53.

后疫情时代
如何建立垃圾分类的长效机制

■ 葛俊 陈燕萍

受疫情影响，政府对环卫服务精细化和专业化要求全面升级，促使人们对公共卫生和健康问题进行了深入思考。而生活垃圾分类是健康环境促进行动的重要举措之一，对于建设健康环境意义重大，能否长效推行垃圾分类，通过垃圾分类改变环境卫生，改善人居环境成了后疫情时代的最大挑战。

一、建立长效机制，形成城乡环境卫生整治合力

推进生活垃圾分类，可有效改善城乡环境，促进资源回收利用，提高生态文明建设水平。将垃圾分类体系建设贯穿城市规划、建设、管理全过程的各个环节，可有助于人居环境的改善，使居民有更多的获得感和幸福感。此前，习近平总书记强调，要创新方式方法，推动从环境卫生治理向全面社会健康管理转变。这为推进城乡环境卫生治理和垃圾分类体系化建设提供了科学理论指导和行动指南。

城乡环境卫生整治是一项系统工程，不仅仅是一场攻坚战，更是一场持久战。要打赢这场战役，不仅要靠政府科学制定政策，更需要借助科普宣传，动员民众和社会各方的力量共同参与，激发城乡环境卫生整治内生动力，形成城乡环境卫生整治合力，才能真正“赢民心、见实效”。

截至 2019 年底， 46 个重点城市生活垃圾分类的居民小区覆盖率已经接近 70%。其他地级以上城市，这项工作也全面启动。除了政策法规的制定，推进城乡环境卫生整治，还需要组织全社会力量，运用群众路线的方法，宣传普及垃圾分类目的和意义。比如，有些地方用微信群、志愿者服务站等对环境卫生整治工作开展深入细致宣传，通过制作条幅、发放宣传资料、组织线下宣传活动、知识讲堂等形式展开宣传，倡导文明健康的生活方式，培养居民良好垃圾分类习惯的养成，进而达到提高生存环境和生活环境质量的目的。

二、创新城市治理方式，用高科技赋能探索长效机制

近年来，在深入开展垃圾分类进程中，多地以新发展理念为引领，统筹谋划、整体推进，着力探索构建可复制、可推广、可持续的新型有效治理模式和机制。比如，上海、杭州、南京等地积极应用“互联网＋”“城市大脑”“人工智能”等应用方式，加快推进垃圾分类的智能“互联网＋”工作模式，完善垃圾分类投放、收集、运输、处置全链条信息化监管平台，实现分类全过程信息化监管和数据精准管理。以下主要探讨疫情期间垃圾分类“互联网＋”工作模式的作用。

第一，避免人与人的直接及间接接触。

这场突如其来的疫情对于各地的垃圾分类有着不小的影响，我们对某垃圾分类第三方运营公司不同垃圾分类模式下就运营的项目在疫情期间的开展情况进行了调研，以下是该公司的调研情况。

该公司人工定时定点模式项目由于需要人工在高峰期进行督导，大部分地区的相关管理部门出于安全的考虑，都暂停了项目的高峰期督导，仅16%左右的项目为保障分类效果仍然坚持高峰期督导；其余垃圾分类人员主要工作转变成对点位的消杀。

该公司的全国智能设备正常运营率达到了95%以上，除部分地区由于甲方的强制要求等原因对智能设备进行了关停处理外，其他地区所有设备均能正常运营。

人工定时定点的模式需要靠人工在高峰期的督导，同时存在人员一旦撤销，分类正确率就得不到保障情况；人员督导不暂停又有交叉感染的风险。一个人工定时定点点位，按照每个点位覆盖300户计算，每户人工按照3人计算，那么一个点位的运营就有可能造成近千人的交叉感染；部分防疫级别高的地区都暂停了垃圾分类的督导、积分兑换、二次分拣等活动，这也导致分类正确率得不到保障。而智能回收模式可以利用图像识别、视频监控、AI智能识别等技术替代人工的督导来保障垃圾分类正确率的实现。用户在使用智能设备的时候无须触碰箱体即可开门，设备自动根据垃圾类型进行开门，前端投放的视频通过互联网传输至后端平台，通过AI分析后自动形成报警；工作人员也可通过实时的视频传输进行管理。既避免了人与人之间直接接触带来的传播风险，也避免了人与人通过投放设施间接接触带来的风险。

第二，替代人工正常运行。人工回收模式是这次疫情中受影响最大的一种模式，由于疫情原因，许多利用人工上门回收的企业无法正常运营。但是智能回收的箱体就不一样，在疫情期间仍然能正常运营。

我们可以从两个公司疫情期间的一组数据来对比下：

公司 A 为利用智能回收箱回收可回收物，公司 B 则是采用人员上门的回收方式来回收可回收物。

在对公司 A 回收量分析过程中发现，春节 3 天（初一至初三）回收量和参与户数有明显减少；一方面春节外出人员增多；另一方面中华传统习俗表现为春节与家人团聚时很少整理物品；而初四开始回收量增加一倍，居民家中的存量逐步投放至无人接触的智能回收箱。疫情期间，回收量相对平稳；逐步复工后，在 2 月 16 日开始呈每日上升趋势，一部分原因在于快递和交通恢复正常后（快递基本在 2 月 10 日左右恢复运输），居民产生可回收的物品增多。

现在居民生活中的可回收物大部分还是网购快递的包装，以上图表可以看出，在疫情期间可回收量的最大影响因素基本是快递是否停运，而智能设备在疫情期间仍能很好地服务于用户。

从数据不难看出，疫情期间人工回收企业彻底丧失运营能力，智能回收企业的直接影响较小（该企业在疫情前期每日平均回收量为 35 吨左右，疫情期间每日平均回收量约为 22 吨）。

第三， 杜绝污染源的扩散。垃圾分类的初衷就是改善环境，节约资源，而目前摆放普通垃圾桶的收集点位往往存在桶盖不闭合现象，桶内垃圾直接裸露在空气中，甚至存在桶满后垃圾溢出的现象，即使工作人员定时去闭合桶盖，投放者在投放时仍会嫌弃垃圾桶脏，而把垃圾直接扔在桶外；小区内也有拾荒者掏拾垃圾，造成小区环境的污染。

智能收集箱除了在投放时投放口开启外，其余时间投放口都是密封的，杜绝了生活垃圾对环境造成的二次污染。同时箱体可设置为身份识别后进行开门，也杜绝了拾荒者对垃圾桶翻掏造成的二次污染。

在南京慧园里社区，为改善慧园里居民生活环境，使垃圾分类落地见效， 根据小区的建筑特点和历史文化背景，当地设计了更符合小区特色的全智能垃圾分类回收方案，推行垃圾分类“四化六定”模式，让居民容易分、分得好。小区合理布置了智能分类箱，所有智能设备均接入了垃圾分类全过程信息化监管云平台，实现垃圾分类追踪溯源和平台数据信息可视化监管。经过一段时间的项目运营，小区环境得到了极大的改善，小区居民垃圾分类参与率达 90.21%，厨余垃圾和其他垃圾分类准确率达 80% 以上。

三、长效机制，需要绣花般一样的精细化管理

生活垃圾分类，是改促进城市精细化管理的重要举措，也是检验城市文明的重要标志之一。涉及政府、企业、社区、居民等多方主体，包括投放、收集、运输、处理等多个环节，需要协力推进，让每个主体、每个环节都“动”起来，垃圾分类才能真正铺开，这就离不开绣花般的精细化管理。

在杭州市余杭区东湖街道，当地创建了“社区统管、物业负责、企业联动、党员示范、居民参与”的垃圾分类跨界合作治理体系，利用物联网、互联网融合技术，使垃圾分类投放、收集数据自动实时上传，实现了垃圾分类投放全方位监管、全流程监控，确保居民准确投放、源头可溯；实现了垃圾无接触投放，在疫情防控中有效保护了居民的卫生安全；实现了垃圾全天候分类投放和精准收集，不再受定时投放、定时收集的限制。截至目前，当地居民垃圾分类知晓率已达到 100%，参与率从 45% 提高到 90% 以上，分类正确率从 77.5% 提高到 98.6%；户日均可回收垃圾从 0.14 公斤提高到 0.22 公斤，即便在疫情期间，资源回收率仍达到 30% 以上。

当前，不少地方在推广垃圾分类过程中，往往忽视居民习惯的养成，短期措施成手段多，普及理念及长效管理措施少，最终让垃圾分类的推广难以为继。我们在引导居民科学分类、定点定时投放上，还需要更多的服务对接和机制协作，特别是精细化宣传，要从源头抓起，从思想观念上入手，通过多种形式，让垃圾分类的观念深入人心，切实提高民众对垃圾分类处理的认识；强化垃圾的源头分类，完善垃圾分类处理的硬件设施和法律法规，这样才能把垃圾分类处理工作提升到一个全新的水平，才能有效推动垃圾分类的长效坚持与常态保持。

（作者系联运环境工程股份有限公司品牌经理；作者陈燕萍系中环协垃圾分类专委会秘书长）

美丽宜居城市中存量空间的活化策略与实践探索

——以南京市建邺区为例

■ 王小兰

2020年，习近平总书记在上海考察时强调了“人民城市人民建，人民城市为人民”的理念。在城市建设中，要贯彻以人民为中心的发展思想，合理安排生产、生活、生态空间，努力扩大公共空间，让老百姓有休闲、健身、娱乐的地方，让城市成为老百姓宜业宜居的乐园。

近年来，不论是西方城市，还是东方城市，诸多的例子已表明，城市发展迫切需要找到超越既往因袭性城市化范式的发展思路、价值准则与操作工具。放眼全球，底特律、匹茨堡等单一工业城市日渐衰落，而伦敦、巴黎、纽约等文化名城持续繁荣，并根据自己不同的定位来打造富有竞争力的城市 IP。

由此看来，世界城市的发展趋势将是从功能城市转向人文城市，从功能形式转向人文生活，从规划建筑转向公共艺术。以文化艺术为导向的城市设计，不但是中国城市化进程的必然需求，而且必将对未来城市的发展和格局的建立起到关键性作用。

一、何为城市存量空间的改造与活化

存量空间是指与增量空间相对应的城市开发概念，即城市建成区。经济增长的背后，提高城市质量成为一个新的课题。党的十九大后，社会主要矛盾从“物质文化需要”转为“美好生活需要”，这进一步表明，随着消费水平不断升级，人们对“品质”的要求越来越高。例如：与传统实体书店的落寞形成鲜明对比的是网红书店的兴起，功能不再是单一的卖书，而是向人们提供一个公共的文化休闲空间，或阅读、或交流、或展览。根据人们不断提升的工作生活需求，存量空间可以成为居住、办公、商业的载体，就像原来生产液晶显示器的旧厂房改造为科创空间的张江国创中心，不同于一般商办项目的空间格局，给企业和员工更多创新发展的可能和轻松舒适的体验。

美丽宜居城市突出的是以人民为中心的发展思想，聚焦人民日益增长的美好生活需要，坚持以人为核心推进城市建设，引导城市发展从工业逻辑回归人本逻辑、从生产导向转向生活导向，在高质量发展中创造高品质生活，让市民在共建共享发展中有更多获得感。要积极探索城市可持续发展新模式，将公园形态和城市空间有机融合，以大尺度生态廊道区分隔城市组群，以高标准生态绿道串联城市公园，科学布局人们可参与的休闲游憩和绿色开放空间，推动公共空间与城市环境相融合、休闲体验与审美感知相统一，为城市可持续发展提供中国智慧和中国方案。

城市存量空间的活化主要探索如何通过生态微系统改造、交通空间活化、传统市集转型、街道活力再造、社区空间创新等城市“微更新”策略，盘活城市存量建筑，重建社区凝聚力，打造绿色、共享、开放、创新和可持续发展的宜居宜业城市。

二、美丽宜居城市需要空间与品质的联姻

对于整个城市空间而言，公共艺术凭借其公共性，代表了当代艺术与城市、艺术与大众、艺术与社会关系的一种新型取向，以人类共同生存品质为终极关怀，最终致力于文明城市的未来蓝图和全面的可持续发展。

如果将一个城市拆解来看，60% 是这个城市的硬件，也就是所谓的“硬城市”，包括规划、功能、布局等；而另外的 40% 则称为“软城市”，也就是城市的文化、人文、艺术气息等方面。软城市可以被认为是城市的心智和灵魂。从硬城市角度看，中国的一、二线城市基本已是国际领先水平；但从软城市的角度看，中国的城市普遍与西方同规模的城市存在较大差距。美丽宜居城市需要着力推动生产、生活、生态空间相宜，自然经济社会人文相融，这就是“人、城、境、业”高度和谐统一的现代化城市形态，是在新的时代条件下对传统城市规划理念的升华，具有极其丰富的内涵。坚持把新发展理念贯穿于城市发展始终，着力培育高质量发展新动能，开辟永续发展新空间，探索绿色发展新路径，构筑开放发展新优势，形成共享发展新格局，开启了社会主义现代化

城市建设的全新实践。

如何建设这样的城市？笔者认为：建筑应是可以阅读的，街区是适合漫步的，公园是最宜休憩的，公共空间是有艺术魅力的，城市始终是有温度的。在文明城市的建设过程中，不仅要关注城市功能与空间品质，关注区域协同与社区激活，还要关注历史传承与魅力塑造。

三、存量空间活化与实践的探索

城市的本质在于提供有价值的生活方式，所以需要准确把握宜居城市的时代价值。存量空间的活化与改造是作为回应新时代人居环境需求、塑造城市竞争优势的重要实践模式，具有一系列体现时代特点的重要价值。

1. 体现绿水青山的生态价值。存量空间的活化与改造要以生态文明理念为引领，深入践行“绿水青山就是金山银山”理念，以生态视野在城市构建山水林田湖草生命共同体、布局高品质绿色空间体系，将“城市中的公园”升级为“公园中的城市”，形成人与自然和谐发展新格局。

南京河西生态公园在 2019 年入围了亚太区土地使用最佳实践案例，其在解决城市内涝问题和提供城市景观休憩空间的同时，呼应了南京历史悠久的水文化，为南京市民创造了新的城市亲水空间。2011 年，为了迎接青奥会，保护历史老城区并为南京未来发展预留城市空间，南京市政府决定大力发展河西新城，并欲使其成为未来南京市城市中心。因此，作为河西新城建设先驱项目的南京河西生态公园，不仅被定位为一个城市公园，让各个阶层的人，都能在高密度的城市中找到一处亲近自然的滨水空间，更通过特有的景观设计，将其打造成河西新城的一座独特城市地标，与这座城市共同成长。

河西生态公园不同以往的开放式格局，将清透见底的碧水湖面置于核心，嵌入景观桥、亲水平台等多元空间及活动设施，一路上，森林、湿地、湖泊等多种自然景观让人目不暇接。其中，以“鱼的巡游”为设计灵感的景观桥，呼应了河西扬子江畔的地理位置，如鱼跃之态，飞跃于湖面之上，穿越林间、湖面、湿地。

在理水方面，南京市构建韧性水安全格局。在城市层面提出塑造畅通水绿网络系统、建立多级雨洪排蓄系统和恢复城市水系洪泛的策略。在营水方面，打造城市水系特色风貌。南京市河西生态湿地公园在城市水系景观中属面型形态功能水系，其有以下特点：①公共开放；②优质的自然景观和多样的生态景观资源；③主要以塑造生活休闲为主要功能的城市节点性休闲场所，为居民提供亲近自然的机会和休闲、科普、宣教活动场所；④注重对雨洪的动态适应性，能够接受丰水期和枯水期水位的动态变化，展现不同的景观状态；⑤主要以生态驳岸为实现方式。

在滨水区，驳岸是水域和陆域的交界线，人们在观水时，驳岸会自然而然地进入视野；接触水时，也必须通过驳岸，作为到达水边的最终阶段。因此，驳岸设计的好坏决定了滨水区能否成为吸引游人的空间。在岸边的草坡上摆放一些条石座椅，可休憩，可观景，其更是一道亮丽的风景线。

2. 体现诗意栖居的美学价值。存量空间的活化与改造要坚持用美学观点审视城市发展，通过以形筑城、以绿营城、以水润城，将城市全部景观组成一幅疏密有致、气韵生动的诗意城市新画卷，形成具有独特美学价值的现代城市新意象。

2020 年青奥体育公园的艺术灯会分为“灯”“展”“演”三大板块，以邺城路为中心向南北两大展区延展，北至“南京眼”步行桥及滨江沿岸，南至九骏马广场。通过主题灯组、投影艺术、开幕式、“荧光夜跑”活动、跨年音乐会等环节串联。

开幕启动仪式时，当嘉宾按下启动装置，舞台两侧的大型灯组“时间塔”和“海浪里的银河”被同时点亮，整个青奥文化轴线华彩绽放，现场一片沸腾。

时间塔项目是本届灯会的主题作品，集多媒体、建筑设计、灯光设计、歌剧表演、绘画、昆曲、基因学，考古，以及物质文化等各学科最高成就的跨媒体项目。出自法国知名艺术家团队 Scale 之手的“音舞螺”，吸引了不少观众驻足观赏。该装置视听设计优美，当钢琴被弹奏时，不规则的线条灯光会随着旋律的变化而变化。光影作品《All Endless Ends》、沉浸式多媒体空间作品《Devaloka Break》吸引不少先锋艺术爱好者。

时间塔位于青年文化公园国际风情街广场核心区，与青奥双子塔眺望，互为犄角，一高一低。钢结构主体和曲线膜结构组成塔形建筑，是集中国园林亭、台、楼、榭等多种建筑特征为一体，且能展示多媒体的现代建筑。建筑主体由北京市建筑设计研究院有限公司董事长、建筑师朱小地设计。这是目前国内唯一的 28 个屏幕联动的光和信息流为载体的“光建筑”。在时间塔周围，5 组投影机利用最先进的投影技术，将显示内容准确投射在不同大小、不同方位的屏幕之上，完美呈现了艺术家冰逸创作的跨媒体作品。

3. 体现以文化人的人文价值。存量空间的活化与改造要通过构建多元文化场景和特色文化载体，在城市历史传承与嬗变中留下绿色文化的鲜明烙印，以美育人、以文化人。24 小时美术馆就是一个很好的范例。它是国内首家全天候向社会开放的公益性美术馆，坐落于世界著名建筑大师扎哈团队领衔设计的南京国际青年文化广场，由 500 米长、100 米宽的草坪广场及散布在周边的 8 个玻璃盒子升级改造而来，于 2018 年 11 月 1 日正式向公众开放。24 小时美术馆是一个微缩的城市展览，是对城市公共空间的生长模式提出的实验和示范。

时间塔外观

时间塔构成

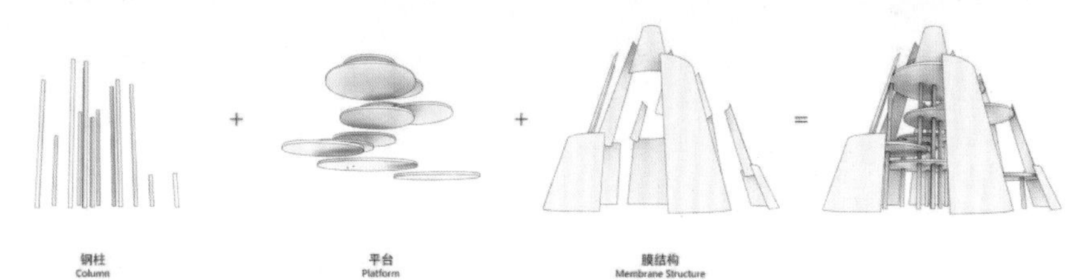

展览及活动有：24 小时独处计划、黑夜的消逝与广场的回归、“一路书香，万国风华”2019 河西建邺图书艺术展、南京国际青年诗会、城市萤火虫换书大会、联合国考察团文化交流、罗曼蒂克的写法国际艺术展、光博物馆、国际抗疫海报展、江苏发展大会：24 小时美术馆 & 南艺设计学院“城市创新实验室 ”项目等。

因此，2019 金梧桐文化产业创新奖获奖理由是城市地标，其颁奖词——24 小时美术馆：城市地标在繁华川流的城市，这里是一片宁静的栖息之地，在生活需要仪式感的今天，这里给你有温度的城市空间。

4. 体现简约健康的生活价值。存量空间的活化与改造要坚持以让市民生活更美好为方向，着力优化绿色公共服务供给，在城市绿色空间中设置高品质生活消费场所，让市民在公园中享有服务，使闲适市井生活与良好生态环境相得益彰。

挖掘文化特色，通过城市更新打造各具风格的主题，建邺区正在让一条条街巷成为美丽古都品质与宜居的新代方言。位于河西金沙江西街与乐山路交会处的网红街区“喵喵街”，2020 年 5 月 1 日开街，其是以百老汇歌剧《猫》为元素打

造的音乐主题街。喵喵街的规划，以呼应建邺区要素、突出区域特色、丰富市民生活体验为重点，同时还将结合市民文化需求、消费升级、体验变革等诸多因素，落实“夜之金陵”品牌建设、深化建邺区“网红街巷”打造。

作为城市艺术地标的组成部分，喵喵街是街角艺术公园和社区商业中心的融合，是没有围墙的展览馆，是邻里的活动中心，是建邺城市客厅的特色一角，同时也是商业消费的特色街区与城市文化的特色载体。

继喵喵街之后，南京河西正在打造第二条高品质文化特色街——银杏里。它西连江苏大剧院，东接奥体中心，道路两侧分别是金陵图书馆和艺兰斋。银杏里将植入更多互动体验内容，与大剧院、图书馆联动，开展文化艺术表演、讲座，设置网络直播间，吸引年轻人参与。银杏里既可赏景，又能阅读、品茗、简餐。金陵图书馆设置了风花雪月、绿野仙踪两大主题区。在道路中央区域，未来还将设置艺术外摆，市民除了赏秋叶，还有更多停留点。其中主题“风雨长廊、满地秋叶”等将创造白天、夜晚两种不同的休闲与社交空间。

无论是街巷整治还是主题特色街的打造，都让曾经或默默无闻或杂乱无章的街巷，呈现出新生于旧的一面。它不只是解决了道路破损、绿化缺失、房屋老旧这样的基本问题，更引入了休闲空间、文化活动等资源，使我们在主次干道上感受城市发展的高度与力度，而街巷则体现着这份幸福的深度和温度。

（作者系 24 小时美术馆创始人，江苏省照明电器协会常务理事，2019、2020 青奥艺术灯会联合总策划、总执行）

编者按：开展垃圾分类工作需要从源头引导居民正确分类投放，就目前各国各地成功经验来看，撤掉居民家门口的垃圾桶，集中建设垃圾分类收集点，即撤桶并点的方案颇为可行。但在垃圾分类收集点的建设工作中，常常会遇到居民的不解、阻挠甚至抵制，多以位置不合理、扔垃圾变远了、垃圾点在家门口有异味，担心有污染、毁绿，破坏环境为理由，大多居民就是不愿意将垃圾分类收集点建设在自己家门，形成了垃圾分类工作中的“邻避”事件。要想改变居民垃圾投放方式，培养垃圾分类投放习惯，转“邻避效应”为“迎臂效应”，政府主管部门、建设方、物业、居民必须齐心协力，才能将垃圾分类新时尚推行下去。

破解垃圾分类撤桶并点的“邻避效应”

基于南京市玄武区垃圾分类收集点建设困局的调查分析

■ 鲁斌山 李烨

近年来，由于垃圾填埋趋于饱和，垃圾围城、环境污染、资源浪费等现象频发，垃圾分类逐渐成为全社会共识，做好垃圾分类能够减少垃圾总量、减少环境污染、提升再生资源利用。为此，我国正加速推行垃圾分类制度，到 2020 年底全国 46 个重点城市将基本建成垃圾分类处理系统，到 2025 年底前全国地级及以上城市将基本建成垃圾分类处理系统。

江苏省南京市是 2020 年率先开展垃圾分类的 46 个重点城市之一，目前南京市垃圾分类工作正以南京市垃圾分类工作领导小组办公室牵头、多部门协作、全民参与的方式如火如荼地开展。其中由政府主导的分类收运体系建设、分类处置项目建设已初步成形，但需要全民参与的垃圾分类投放环节一直进展不佳。为此，结合成功国家、地区经验，南京市在垃圾分类投放端开展了小区垃圾分类撤桶并点、垃圾分类收集点建设等工作。由于改变了居民垃圾投放习惯，加之担心影响小区整体环境，工作开展难度不小。因此，本文将阐述居民抵制垃圾分类收集点建设的根本原因——“邻避效应”，分析解决之道，为全国其他城市小区垃圾分类推进工作提供借鉴参考。

一、文献综述

（一）邻避效应

“邻避效应”指居民或在地单位因担心建设项目对身体健康、环境质量和资产价值等带来不利后果，而采取的强烈、高度情绪化的集体反对甚至抗争行为。[①]

（二）迎臂效应

“迎臂效应”与“邻避效应”相反，就是居民张开双臂欢迎某种设施到来的意思。垃圾分类收集点的“迎臂效应”是指社区居民对垃圾分类工作进行认知重构，充分了解其作用与意义后，同意在离家较近的地方，或可能影响自家居住环境下进行建设的一种状态。[②]

（三）垃圾分类收集点建设陷入“邻避效应”死循环

“上马——抗议——搁浅”这样的“三步曲”出现在不少项目中，例如信号发射塔、垃圾焚烧厂等。南京市玄武区9个垃圾分类先行先试小区中，中海玄武公馆小区就出现居民抵制垃圾分类收集点建设，项目被迫搁浅的情况。

二、“邻避效应”原因分析

（一）案例背景：中海玄武公馆

中海玄武公馆位于南京市玄武区铁北新城板块，属新建园林式小区，总户数2161户。该小区物业公司为中海海嘉花园物业管理处， 2019年下半居民逐步开始入住，实际入住户数近千户。

2020年4月，南京市玄武区垃圾分类工作领导小组办公室与属地红山街道联合多次上门宣传并开展居民议事会后，仍有部分居民不支持垃圾分类撤桶并点工作，带头阻挠，混淆、歪曲、散布谣言，阻碍工作开展。目前，该小区无法建设垃圾分类收集点，小区未开展撤桶并点工作。

（二）“邻避效应”原因分析

根据作者实地走访调研、加入小区居民微信群调查后发现，该小区之所以不顺利是多方面原因造成的。

1. 选址争议，居民担心破坏绿地。该小区是2017年新建小区，开发商在规划建设时没有按法律规范要求建设垃圾分类收集点，也没有相应保留预留地。现在建设垃圾分类收集点需要占据原有规划绿地。居民认为，小区绿地是所有业主共有的，属于所有业主的共有财产，不能未经业主允许肆意另作他用。

2. 居民担心有异味影响环境。小区居民认为建立垃圾分类收集点，该设施性质与街边垃圾中转站相似，如果出现管理不当、收运不及时的情况，该生活垃圾收集点的垃圾，尤其是厨余垃圾极，易产生异味、污水满溢等现象，滋生蚊蝇，势必造成污染，影响周边环境卫生及居民日常生活，尤其是靠近垃圾分类归集点的几幢住户，担忧颇多。部分居民还认为此做法最终会导致房产贬值，损害到自身利益。

3. 居民担心垃圾分类收集点能否满足小区垃圾投放量需求。现阶段中海玄武公馆的入住率不及5成，每个楼道前的垃圾桶已经出现垃圾未及时清运现象，随着业主入住率的提升，垃圾产生量势必增加，垃圾分类收集点很难满足整个小区的垃圾投放。另外小区老年人不少，老年人没有分类投放意识，很难改变习惯。

综合来看，垃圾分类收集点建设难的主要原因集中在选址问题、环境破坏问题、居民习惯问题上。

三、实现撤桶并点“迎臂效应”的应对举措

实现垃圾分类，必须做好源头分类，推进撤桶并点是不二选择，改变居民投放习惯，让居民自愿地由简入繁，作为主管该项工作的政府职能部门，就需要从多角度思考问题，破解“邻避效应”带来的困难，协调各方，促进垃圾分类整体工作的开展。

（一）宣传：发动动员，协商议事，要让居民有的选

政府主管部门牵头垃圾分类工作，需要改变行政命令思维，弃用指定选址的工作方式，避免纸上谈兵，造成投放不便、环境不宜等“邻避效应”的麻烦，应当采取宣传、立法、协商、议事等方法，多维度推进垃圾分类工作。

在宣传上，让居民了解垃圾分类工作的重要性，撤桶是垃圾分类的源头，是势在必行的，让居民转变“邻避”意识，认识到撤掉楼道前的垃圾桶后，垃圾分类收集点离家近反而是方便了扔垃圾，反而对自己是有益处的。

在协商议事上，应当充分听取小区居民、物业管理方、收运公司意见，因地制宜，确定垃圾分类收集点的选址，发挥社区自治组织的力量，让业委会、社区等机构参与进来，做到居民可以自己选择合理的垃圾分类收集点地址，才能得到居民更多的欢迎，实现撤桶并点的“迎臂效应”。

在商议无果的情况下，居民可有第二选择。垃圾分类收集点的建设最终目的是实现垃圾源头投放工作的分类，那么采取流动收运车收运并开展垃圾定时不定点的集中投放方式，确保最终的分类质量，亦可以达到该目标。可以让居民自己投票选择最终方案，并实施落地。如此，亦可以避免垃圾分类收集点的“邻避效应”。

（二）立法：同步跟上，做到建设有法可依

地方政府可以通过地方立法程序明确相关措施方案，做到有法可依，有据可行。2020年6月，南京市发布的《南京市生活垃圾管理条例（征求意见稿）》中，第十六条规定新建、改建、扩建建设项目，应当按照标准配套建设生活垃

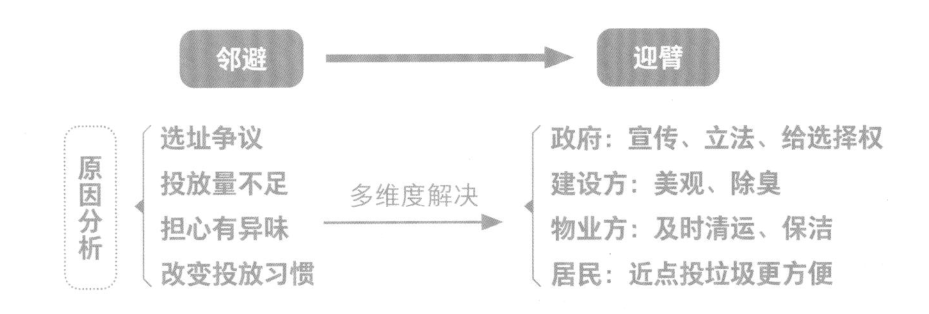

圾分类收集设施。已有的生活垃圾分类收集设施不符合标准和规范的，应当逐步予以改造。第二十八条规定本市住宅区和农村居住区施行生活垃圾定时定点集中投放制度。管理责任人可以采取设立固定桶站、流动收运车收运等多种方式开展垃圾定时定点集中投放。该法将于 2020 年 11 月 1 日落地实施。该条例以地方性法规的形式，明确了生活垃圾分类收集设施的建设工作和垃圾分类投放方式：定时定点集中投放。

（三）建设：公开招标，外修美观、内修除臭

南京市玄武区垃圾分类收集点建设方案采取招标方式公开进行，共有 11 家公司参与。其中垃圾分类收集房为一类生活垃圾分类收集点；垃圾分类收集亭为二类生活垃圾分类收集点。

根据《2020 年南京市居住小区垃圾分类收集点提升改造实施方案》，南京市玄武区垃圾分类工作领导小组办公室细化规则，要求建设方在建设设计上必须做到收集点美观合理；在功能使用上加强除臭净化系统、细菌消杀系统建设，避免异味的产生，让居民从建设伊始就觉得该收集点并未破坏环境，更闻不到厨余垃圾的异味。

（四）管理：及时清运，规范保洁流程

作为小区垃圾分类第一责任人的物业管理方，必须做好保洁工作、及时清运垃圾、规范保洁流程，在垃圾分类后，做到厨余垃圾、其他垃圾日清，可回收垃圾、有害垃圾一周清两次，有效防止厨余垃圾异味的产生。

另外，物业公司亦可以针对垃圾分类收集点建设实际产生的影响，予以相关住户减免物业费的经济补偿，以保证垃圾分类收集点建设工作顺利开展。

综上所述，破解垃圾分类撤桶并点的“邻避效应”有效的解决模式如下图：

结语：

习近平总书记指出，推行垃圾分类，关键是要加强科学管理，形成长效机制，推动习惯养成；要加强引导，因地制宜，持续推进，把工作做细做实，持之以恒抓下去。

垃圾分类始于投放，难于让每一个人改变习惯，让每一个人参与到源头分类中来，破解垃圾分类撤桶并点的源头分类难题，是垃圾源头分类的第一步，多角度、多维度解决群众难点、痛点，是转“邻避效应”为“迎臂效应”的唯一出路，组织发动宣传，提高管理水平，完善议事机制，设立法律法规，亦是政府开展垃圾分类的必修课。

（作者单位：南京市玄武区城市管理综合行政执法大队环卫执法中队）

参考文献：

①汤汇浩．邻避效应：公益性项目的补偿机制与公民参与 [J]. 中国行政管理，2011 (7): 111-114.

②唐函，养老机构“邻避效应”问题及应对措施研究，中图分类号：C913.6 文献标识码 :A,DOI:10.19387/j.cnki.1009-0592.2020.02.306.

尧化街道综合执法改革的探索与思考

随着街道城市化进程的逐步加快和城市功能的日益完善，城市治理问题愈发突出。推进综合行政执法是行政执法体制改革的基本方向，事关群众切身利益和基层治理体系建设，也是规范市场秩序，推动经济社会持续健康发展的迫切需要。南京市栖霞区尧化街道为把下放的权力用起来、活起来，切实提高城市精细化治理能力和治理水平，于 2014 年底启动了综合行政执法改革试点，积累了经验，发现了问题，形成了深化改革的思路。

一、深化综合执法改革的历程

2014 年 12 月，尧化街道成为全市首家综合执法改革先行试点单位；2016 年 7 月，街道正式建成一支融城市管理、市场监管、交通运输等 10 项职能为一体的综合行政检查执法大队，履行 133 项行政检查职能，初步实现“一支队伍管执法”；2018 年 5 月，街道综合执法大队与南京市标准化研究院合作，出台《街道城市治理综合执法规范》；2018 年 6 月，街道出台《综合执法工作考核办法》，印发《尧化街道综合执法标准化规范手册》；2018 年 8 月，街道综合执法大队成立督查办公室，出台《规范着装管理办法》《大队车辆管理制度》，调整《综合执法社区考核指标》《社区城市精细化管理考核》等考核办法；2018 年 9 月，街道综合执法大队完成统一换装、统一编号、统一胸牌工作，统一印发工作证件；2018 年 11 月，街道综合执法改革试点工作被选为栖霞区社会治理改革实践典型参加南京电视台《改革进行时》节目录制；2018 年 12 月，街道综合执法大队完成办公用房搬迁，成功创建城市管理执法队伍规范化建设先进单位；2019 年 1 月，街道综合执法大队与信息指挥中心对接，拟定《派发城市治理类工单工作模式及人员调整的建议》，科学统筹人员分工；2020 年 4 月，街道综合执法检查大队实施红黑榜评选奖惩机制；2020 年 5 月，街道建立综合执法检查大队片组换防及岗位调整制度。

二、深化综合执法改革的探索实践

（一）建强工作体系

街道建立 4 大片区，将社区、科室、执法部门纳入综合执法架构，每个中队涵盖 2 ~ 3 名直属和城管执法中队队员，以及 2 名市场监管分局执法人员。社区综合执法人员、城管协管员按具体辖区进入各中队管理，交警中队、派出所、安监、环保、食品安全、文化旅游、城建、农水、物业等部门横向配合综合执法工作，由各中队长根据执法需要统一调配执法力量。建立综合执法联席会议制度，定期会商重难点问题和联合整治任务，着力打通基层检查执法综合化“最后一公里”。

（二）创新执法模式

以综合执法大队为主体，指挥、协调、开展街道执法检查工作，把“看得见的管不着，管得了的看不见”变为“既要看得见，又能管得住”。建立片区、机动、特勤、定岗等巡查队伍，在 133 项权力清单的基础上拓展城市治理中的突发和难点问题，不断深化综合巡查，进行分类处置，确保问题在第一时间得到解决。要求社区相关人员第一时间向片区中队反映网格巡查中发现的执法问题，由中队根据案件类型牵头处理。协调相关部门开展全科检查，实行案件互通，统一查处解决。

（三）科学规范管理

制定《现场检查记录》《责令改正通知书》《先行登记保存通知书》等检查文件，强化行政检查效能。通过口头告知、记录仪取证等方式记录违法违规行为，消除执法隐患，维护公共秩序。2019 年至今，开具《责令改正通知书》318 份、《先行登记保存证据、物品通知书》119 份、《责令停工、核查通知书》48 份、《实施行政强制措施决定书》12 份、《当场处罚决定书》47 份，有效解决了地区市政设施损坏、园林绿化损害、车辆违停、占道经营、破墙开店、油烟扰民、音响扰民、违规开设烧烤店、渣土滴漏、工地扬尘、垃圾分类等多类城市治理中的疑难顽症。

（四）数据集成共享

对接街道全域智能指挥中心信息平台，开发综合执法功能模块，共享实时监控、传递指令、督办考核、数据分析等资源。利用大数据平台开发巡查执法 APP，融入 GPS 定位功能，整合车辆、人员、监控和案件、投诉、督察等业务数据，实现综合执法全方位可视化。通过案件统计、举报投诉等数据分析比对，生成薄弱环节智能工单，对接市区城市管理、综合执法平台以及 12345、12319 等举报投诉和“掌上云社区”“网格巡查”等模块，提高问题督办效率。

三、深化综合执法改革的现实问题

总体看，执法队伍庞杂，执法范围广，执法成分多样，执法方式大多采取部门、系统独立执法的方式进行，跨部门跨系统之间联合执法配合不够，执法效果虽有一定提升，但执法力量较为分散、执法成效不显著的问题仍然比较突出。

一是执法力量不足。派驻执法人员较少，执法协管员绝大多数未接受专业学习培训，缺乏执法经验。街道综合执法人员成分多样，涵盖行政编、事业编、合同工等，影响队伍稳定性。

二是协同配合不够。在落实市区开展城市管理相对集中行政处罚权工作要求的实际执法中，存在联合执法沟通协调不及时，具体执法人员不理解等问题，影响工作开展。

三是执法保障不强。车辆年限较久（5 ~ 10 年以上），执法记录仪、照相机、对讲机存在老化现象。面对群众强烈抵触、暴力抗法等行为，执法人员在公安干警未介入情况下，无法采取强制措施，人身安全易受威胁。

四是行政权力不全。行政处罚、行政强制等执法权限仍由上级职能部门行使，街道层面执法仍然未能全面覆盖。

四、进一步深化综合执法改革的思考

（一）扩大管理权限

逐步向街道下放人、财、物管理权限，赋予街道对区职能部门派出机构负责人的人事考核权和征得同意权，强化对街道考评职能部门派出机构结果的应用，加强街道统筹辖区城市管理力量和资源，提高城市管理效能。

（二）明确职责权利

明晰街道综合执法大队与职能部门职责，理顺工作关系，承担责任、行使权力、执法范围要相对应，可通过行政管理制度予以明确。适当放宽规划、消防等检查权限，但也要加强论证，避免随意，应结合工作重点、时期阶段适时调整，并加强街道对区下放权力清单的选择权。

（三）加强执法宣传

充分利用电视、广播、互联网、电子屏、宣传栏及社区公开栏等宣传媒体和媒介，广泛宣传街道综合执法相关法律、法规、规章和执法信息，使街道综合执法工作得到群众的普遍理解和支持。增强群众的参与意识和自律意识，发挥社会监督作用，营造和谐共建、遵规守约、文明诚信的社会管理氛围。

（供稿单位：南京市栖霞区城市管理局）

关于 加强背街小巷整治与管理的思考

■ 陶玥

背街小巷联系千家万户，与市民生活息息相关，其环境的好坏，直接影响到市民的日常生活，直接体现了城市的综合管理水平。

背街小巷整治也成为环境整治效果的缩影，它虽然只是市容环境综合整治的一个部分，但它已然成为环境整治与改善民生的典型范例，对其整治不仅仅提升了城市管理工作的社会认可度，还得到了广大老百姓和社会各界的普遍认可，成为百姓心中的“德政工程、民心工程”。在着力构建城市建设大动脉、塑造城市形象的同时，我们又该如何疏通城市的“毛细血管”，管理好城市的“细枝末节”呢?

1. 以人为本，实现共治共享共建。我们高度重视背街小巷的建设与管理工作，在思想上树立“小街巷大民生”的意识，切实从“以人为本”、构建和谐社会的高度出发，将这项工作摆上重要位置抓紧、抓实、抓到位。根据城市发展情况，扩大整治范围，加大整治力度。让居民群众监督评判，积极发挥各类志愿者作用，吸收专业力量，坚持以人民为中心，民有所呼、我有所应，关注疏解整治的薄弱环节和群众的“痛点”；了解居民群众的所思所想，坚持问题导向。一手抓治理成果的巩固，一手加强检查验收，弥补漏洞，改进不足，把群众满意作为检验标准，用治理成效来说话。

2. 加强组织协调，切实形成整体合力。背街小巷整治与管理综合性很强，覆盖面很广，涉及的层次也很多，需要社会各方面的理解与支持。当前，背街小巷整治工程与管理工作正按照市、区、街道联动、分工负责的原则有序向前推进，但也存在一些问题，影响了工作成效。为使道路街巷环境整治得到有效推进，应坚持“各司其职、相互协作”的工作格局，强化组织领导，并落实责任，将任务细化；要加强各城管执法队伍之间、各相关部门之间的协调与配合，充分发挥执法队伍灵活、机动的优势，坚持街面巡查和重点地段密集监控相结合，进一步明确区域责任，实现配合联动，共同推动整治工作。

3. 突出整治重点，努力打造精品工程。背街小巷整治任务重、头绪多。一是突出工作重点。从群众最不满意的热点、难点着手，从阶段性的重点工作抓起，如“城中村”、城郊接合部仍存在一些背街小巷整治的盲区，应给予高度关注并下功夫整治。二是坚持高标准设计。准确摸排背街小巷的实际情况，科学合理、因地制宜地设计整治建设方案。方案中应充分考虑道路系统的完善，如与主、次干道的衔接、停车问题、摊点规范、绿化树种的选择等，重点突出道路的通行能力。三是确保工程质量。在加快整治推进的同时，应规范操作，完善程序，按质保量地完成建设任务，全面提升整治水平。四是合理安排工程建设时序。制定科学的施工计划，努力避免无序、盲目、遍地开花的情况。加强施工现场管理，按照环保优先、文明施工的原则，妥善解决好施工与扰民的矛盾，把好事办实、实事办好。

4. 坚持建管并重，完善长效管理机制。背街小巷整治是一项集中、短期的工作，而街巷管理是一项动态、长期的任务。从目前的情况看，由于管理存在薄弱环节，损坏市政配套设施、占用毁坏公共绿地、垃圾乱抛乱放的事情时有发生，严重影响了背街小巷整治建设的效果。因此，有关部门应坚持建管并重、更重管理的城市发展理念，对街巷管理多加重视、多下功夫，要像抓建设一样抓管理。一是实行专项考核。制定内容细化、指标量化的长效管理考核办法，将街巷管理纳入全方位目标考核中，定期检查，公布排名。二是发动社会参与。与驻区单位、店家签订门前“三包”责任书；聘请一些综合素质高、热心社区管理的市民为义务监督员，对日常各种破坏环境的行为进行监督和劝诫。三是强化执法和保洁力量。强化落实定人、定岗、定责；强化落实执法和环卫管理全覆盖；强化落实市容环境卫生责任制的监管，逐步形成“管理前置、执法护航、协同运作、互为支撑”的街巷市容环境卫生秩序长效管理机制，从而提高整治和管理成效。

背街小巷的精细化管理体现在精益求精上。城市管理贵在精、贵在细，背街小巷作为城市的重要组成部分，更加需要精治与共治共享，只有实现精细化管理，才能将城市的建设和管理延伸到细枝末节，真正打通城市治理的“微循环”，有效实现管理的“最后一公里”；提升人居环境和城市品质，最大限度增强群众的幸福感和获得感。

（作者单位：南京市玄武区锁金村街道城管中心）

城管舆情：

激活“夜经济”，也要守住城市治理成果

■ 张妍

2020年上半年，我国经历了年初新型冠状病毒疫情暴发，全民战“疫”，到此时，全国正从“复工复产”到“稳产达产”，社会经济秩序也渐入正轨。激活“夜经济”，恢复消费活力，成了各地着手启动实施的工作。在城市治理和社会经济重启之间如何平衡，也成了城市管理水平的试金石。因此，在第二季度，城管舆情也多围绕地摊经济、小店经济产生。

通过人民网舆情监测系统以“城管”为关键词搜索，标题涉及城管的相关站内信息为98646条。百度媒体指数显示，在本次统计周期内，4月1日至6月初，在各大互联网媒体报道的新闻中，与关键词相关的，被百度新闻频道收录的新闻头条数量相对平稳，但在6月，这一数据出现了峰谷波动，并在6月中旬达到峰值，新闻头条数量超过700余条，如图1所示。

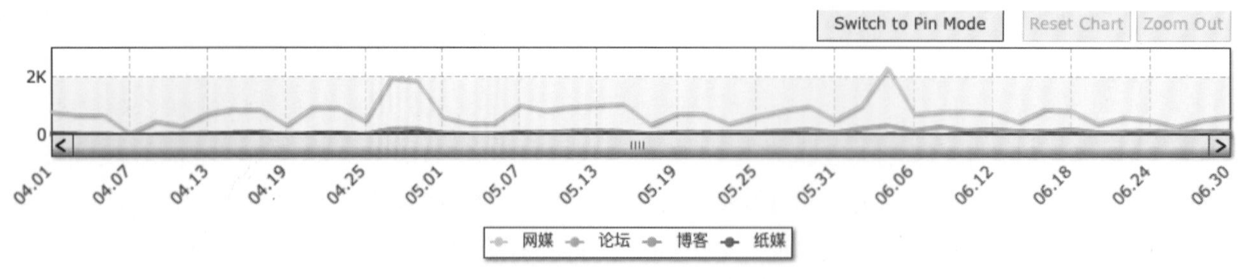

图1 人民网舆情监测系统数据走势分析统计图

释放夜经济活力
江西城管喊人去摆摊

事件：6月3日，一段江西九江瑞昌市城市管理局大唐新区中队副中队长给小商贩打电话的视频在网络热传，视频中城管柯队长向小商贩温柔抛出橄榄枝，邀请对方到指定地点摆摊经营，电话那边的摊贩难以置信：“你是城管的？你叫我去摆摊？等于是可以摆了是吧？你该不会是骗我的吧？我不相信！还有这么好的事啊？”得到确定答案并且不收租金后，他问，是不是可以叫一些其他摆摊的都过去？

为释放“地摊经济”活力，让城市更有烟火气，江西九江瑞昌市城市管理局在城区设置了流动摊贩临时摆放点，为市民提供灵活多样化的便民服务。

舆情：网友“@宇宙级戏精双鱼男”说，一个摊位真的可以养活一家人。有了地摊更有灵魂，很显热闹繁华。希望全国推广；微博网友“@我困惑了”则表示，一矫枉，必过正！摆摊儿可以，还是不能乱套，否则，这些年的治理可就白忙了。也有网友“@再给我一个包子”则担心，指不定过段时间又整顿取缔，大家都是工具人。

点评：夜经济不是一个新名词。从当日18时至次日凌晨6时所发生的服务业类经济活动，都能被纳入“夜经济”的范畴之中。在新冠疫情突发，经济发展压力空前的当下，夜经济再度被多次“点名”。在两会期间，总理点赞成都的“地摊经济”，各地也纷纷发力发展夜经济。但恢复烟火气，解决就业难题，也要考虑城市治理工作，不能因“地摊经济”而功亏一篑。城管队伍发动群众参与小摊经济是好事，但要把好事办好，则必须通盘考虑，详细规划布局，不能一拥而上，影响了市容市貌、居民生活，到时又搞“一刀切”，而这正是老百姓担心、小摊贩害怕的症结所在。

城管替摊主摆摊贴膜
摊主：让儿子认他当干爹

事件：据“@观察者网”6月24日消息，近日，河南汝州的一处夜市上，一位城管竟然在摊位上给手机贴膜！事发前，摊主突然接到了一个电话，直接扔下摊位就跑了。城管巡逻时，发现摊位没有人。看着摊位上还摆着各种物品，这位城管就坐下来帮忙看守。左等右等，不见摊主回来，不少人来询问能不能贴膜，城管大哥干脆帮摊主接起了生意。

事后电话采访摊位老板得知，当天他接到电话，老婆突然要生了！“赶紧去医院了，摊位上也没太多东西，我想着丢了就算了。没想到城管大哥还给我打电话说，东西都替我收了，还挣了不少。”摊位老板说，现在母子平安，特别感谢城管大哥，以后让儿子认这位城管大哥当干爹！

舆情：网友“@创造2025”评价说，“这才叫有人间烟火”；也有网友“@小羊苏西JAY”调侃，“孩子：我干爹咋来的，爸爸：贴膜送的”；也有网友看了视频表示，“贴膜手法好专业”“这个城管有点可爱！”不过，也有网友对事件的真实性表示怀疑，“这摄像头的位置，有摆拍那味儿了。”

点评：城管替人照看摊位，并身体力行贴膜，替店家做生意，并最后得到了摊主的点赞，这本身是一条有人情味的新闻，也获得众多网友的认可。不过，也有网友对这一事件的真实性表示了怀疑。在人人面前都是麦克风的时代，网友对事件本身有疑惑也属正常。但这也提醒了城管队员，在发布此类案例时，也应该交代更详细的背景，从而避免引起误会和质疑。

河北保定城管与商户发生冲突，城管将花盆扣商户头上

事件: 据“@ 中国新闻周刊”报道，6 月 11 日，河北保定，网曝曲阳县庙前街一门店老板被执法人员用花盆扣头。据当事人介绍，有执法人员来查店外经营，他和妻子将花搬到窄路上，执法人员仍坚持要查扣。妻子上前阻拦，双方发生争执。当事人当时很生气，说了句“你们强盗啊？”，随后就发生了他被用花盆扣头的事情，最终部分盆花被执法人员查扣，当事人身体并无大碍，妻子腿部有皮肤被擦破，并不严重。

曲阳县官方通报称，已成立联合调查小组，将依法依纪严肃处理。11 日下午，曲阳县委宣传部发布通报称，5 月 25 日以来，该县开展全面整治县城容貌秩序“百日攻坚”专项行动，并发布了公告。6 月 11 日，该县城市管理综合执法局执法人员在对占道经营商户进行执法过程中，与一花卉店经营者发生争执。

对此，曲阳县委、县政府成立了以主管县领导为组长，纪检委、宣传部、公安局、网信办、执法局为成员的领导小组，对事件展开调查，并将依据调查结果依法依纪严肃处理。事发后，曲阳县城市管理综合执法局立即开展思想作风纪律整顿，加强依法行政、文明执法教育。目前，涉事的中队长和有关人员已被停职。

舆情: 网友“@ 甜菜小丸子”说，“一调查又是临时工！这集都看过！”也有网友认为，“不是摊主先恶劣吗？”网友“@ 绝不再”说，“从视频看，城管是用砸的，也许商户骂了他，但也不能用砸吧！还有城管执法一直很多争议，没收这个本身不合理，对于商户应该先劝导，不听劝导再进行罚款，对于没收应该是不叫罚款由警方来执行，而不是城管来强行没收。”网友“@Daniel 的经济学”说，“一个为吃碗饭，一个吃这碗饭，本是同根生，相煎何太急！”

点评: 城管与摊贩时有冲突，产生冲突的原因各不相同，但城管作为执法者，执法过程应该依法执法、文明执法，而不是暴力执法、野蛮执法。否则，只会激化社会矛盾，为后续执法工作带来更大阻碍，也影响了城管队伍在公众眼里的形象。

广西钟山县城管局局长“挖掘机拆校门”

事件：据中国新闻网6月14日报道，6月12日，钟山县冠丰慧灵学校微信公众号发布一篇题为《这个苏局长很强势，开私车闯校园，让测体温就拆校门》的文章，并公开了2月28日的校园监控视频片段。

文章称今年2月，该县城管执法局一苏姓局长拒登记、测体温，闯入校园停车，然后进了学校隔壁的小区。一个多小时后苏某返回取车，因补办登记时让其等了一会儿，苏某就召集下属当场认定违建，并拆除校门，双方发生肢体冲突，校长等人员被打伤。

6月13日晚，钟山县网信办对此事进行通报，称其中存在本质与事实不符的情形以及发帖人的单方面说辞。据查，该校是一家民营私立学校，有两处楼房属于违建，钟山县住建局曾在2018年开始多次下达自行拆除的通知，但该校未配合，今年2月28日，钟山县城管局依法拆除时，遭遇阻挠，造成行动失败。对于网帖视频反映苏局长在执法过程中，不按疫情防控要求做好登记和测温等不当行为，钟山县纪委监委已进行了严肃处理，给予当事人党内严重警告处分，处理结果分别于2020年5月29日和5月30日对冠丰慧灵学校进行了答复。

6月14日凌晨两点，贺州钟山县冠丰慧灵学校通过其微信公众号发布文章《关于“钟山县‘这个局长很强势’网络舆情有关情况的通报”的回应》，文章指出该通报有与事实不符之处，并直接发出26分钟视频。

舆情：有微博网友说，“局长亲自上阵开挖掘机，厉害，勤政”；也有网友质疑，“告知书呢？提前告知整改。不整改才强制吧！直接发个文书就强制？”有网友认为，“学校可能是有违章建筑，但是肯定不是这一天来拆除！这么巧，局长官威被冒犯，然后就来拆大门？一定要查一查这次官方回应背后，这才是问题的关键。”

点评：纵观这一事件，政府和学校进行了两轮交锋，舆论声音也更倾向于学校一方。之所以出现这样的局面，关键在于强拆是否合法，这一举动是否属于挟私报复。尽管当地纪委经过“慎重调查”，对涉事局长给出严重警告处分，证明其行为确有不妥之处，但并未回答这名城管局长是否在利用权力，对学校进行打击报复。而对这一问题作出明确回答，正是化解舆情的关键所在。

苏某的“走红”，也是对执法者的一个警醒——“权为民所用”，权力必须敬畏权利、敬畏法律，而绝不能成为耍官威、打击报复的工具。

（作者系人民网舆情分析师）

上海市巴黎岛违规设置的户外电子广告牌拆除案例简析

■ 编写组

该案是一起违规设置户外电子广告牌案件，在执法人员多次奔走并锁定证据材料基础上，经法院协作支持，最终顺利将2.6万罚金执行到位；另外，城管中队也依法强制拆除了违规设施。此案中，行政机关相互协作、履职尽责，确保了行政执法的严肃性和权威性。

案情简介

2015年11月26日，上海市夏阳城管中队接到由青浦区绿化和市容管理局移送的“关于外青松公路巴黎岛附近有未经审批违规设置的电子屏形式商业户外广告”一案的工作单。接报后中队非常重视，当天即派队员到现场进行检查并做情况了解。

据查，该户外广告是由上海御泉大酒店（原巴黎岛）于2015年10月设立在酒店门前的，没有上海市绿化和市容管理局的审批手续，属擅自违规设立。该广告牌是铁架结构的电子屏，宽6.8米，高6米，面积40.8平方米，属LED显示屏，具体内容为宣传公司内部设施和提供联系地址等。

为严肃法纪，完善户外广告管理，进一步纠正户外设施违规乱象，夏阳中队按照相关法律程序于2016年1月6日向上海御泉大酒店发出行政处罚决定书，要求当事人在收到处罚决定书后十五日内限期拆除该户外广告设施，并对其处以2.6万元的行政罚款。

但是当事人无视法律，拒不执行，对相关行政处罚决定视若无睹。法定期限届满，经催告，当事人仍拒绝履行行政处罚，案件正式采用强制程序。2016年9月13日，中队根据规定向法院递交执行申请，得到法院支持，10月法院强制执行罚金到位。夏阳中队也于2016年9月27日对该违规设置的电子广告牌依法进行了强制拆除。

本案自2015年11月26日接报立案后，中队非常重视，期间共进行现场检查、复查三次，约谈当事人十余次，制作询问笔录、陈述申辩笔录以及开具各类法律文书二十余种，卷宗长达三十多页，确保案件法律事实清楚，法定程序明确，证据锁定清晰，使案件顺利得到执行，体现了行政执法的严肃性、公正性和权威性。

法条链接

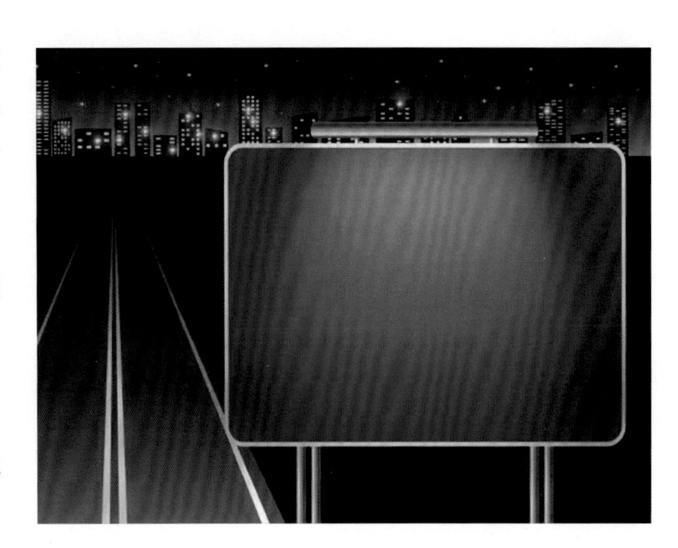

禁则：《上海市市容环境卫生管理条例》第二十条第二款规定：户外广告以及非广告的霓虹灯、标语、招牌、标牌、电子显示牌、灯箱、画廊、实物造型等户外设施（以下统称户外设施），应当按照批准的要求设置。

罚则：

《上海市城市管理行政执法条例》第十一条第一款第一项的相关规定；

《上海市市容环境卫生管理条例》第二十条第二款规定：责令限期改正或者拆除；逾期不改正或者拆除的，强制拆除，对户外广告设施设置者处5000以上5万元以下罚款，对其他户外设施设置者处500元以上5000元以下罚款。

执法要点

1. 事实清楚，程序正确，办成铁案不含糊。作为一起违规设置户外广告设施的案件，执法人员着手处理后，多次奔走现场，锁定相关证据，按照法律程序和处罚依据，前后共花费十余月时间，将该案彻底解决。

2. 案件移交，部门联动，提高案件办结率。本案由青浦区绿化和市容管理局移交至夏阳城管中队，确保对案件及时进行追查；夏阳城管中队在查实相关证据后，依法执法，并借助法院强制力维护法律公正，提升了行政机关的公信力和办案人员的信心。行政机关相互配合，相互协作，是行政执法案件得以查实、疑难问题得以解决的关键。

3. 证据充分，环环相扣，执行强拆无话说。本案共进行现场检查、复查三次，约谈当事人十余次，在十个月的时间内，办案人员来回奔波，调查、询问、取证、告知、催告、裁定等环环相扣，层次分明，有理有据。案件最后阶段由于当事人的不配合，故采取相关强制程序。执法主体充分利用好法律武器，既体现了司法的公正，又彰显了法律的威严，通过法院高效的强制执行力，解决了行政处罚案件执行难以到位的短板。在今后的办案过程中，中队将继续探讨使用这一方式的效果。本案表明，通过行政机关和司法机关之间的强强联手，紧紧依托强有力的法律保障，可以坚决将各类疑难要案执行到底。

执行前后对照图

说法析理

商业化发展的社会，广告的形式越来越多样化，为了吸引更多的受众，经营者违规设置各类广告牌的现象屡见不鲜，拆除违规广告成了城管工作的一项重要内容，但是真正能自拆的少之又少，而强制执行的时间成本、经济成本和人力成本等都很高。本案在具体实施的过程中，考虑实事求是、公平公正的同时，也兼顾了效率原则。该案件最终圆满地完成，也带给我们一些启发与思考。

一是要有将案件执行到底的决心和毅力。任何事情，就怕认真，态度决定一切，即便强制执行，也要有奉陪到底的决心。学会顶住压力，克服阻力，坚持法律公正。

二是善于借力协作和执法沟通。许多广告牌一夜之间竖立起来，真要拆除不仅困难重重而且程序烦琐。对于那些无视法律的商户，要加大对违规行为的处罚力度，除了罚款之外，还应追究设置者的责任。另外需要行政机关之间相互协作、探索建立相关诚信黑名单、行刑衔接等制度，如对违法者限制其参与户外广告招拍，甚至取消其经营资格等，如此违法设置广告的行为就不可能无所顾忌且为所欲为了。

国务院办公厅关于全面推进城镇老旧小区改造工作的指导意见

■ 编写组

2020年7月10日，国务院办公厅颁发国办发〔2020〕23号《国务院办公厅关于全面推进城镇老旧小区改造工作的指导意见》，要求各地按照党中央、国务院决策部署，坚持以人民为中心的发展思想，坚持新发展理念，按照高质量发展要求，大力改造提升城镇老旧小区，改善居民居住条件，推动构建"纵向到底、横向到边、共建共治共享"的社区治理体系，让人民群众生活更方便、更舒心、更美好。《意见》要求坚持以人为本，把握改造重点；坚持因地制宜，做到精准施策；坚持居民自愿，调动各方参与；坚持保护优先，注重历史传承；坚持建管并重，加强长效管理。到2022年，基本形成城镇老旧小区改造制度框架、政策体系和工作机制；到"十四五"期末，结合各地实际，力争基本完成2000年底前建成的需改造的城镇老旧小区改造任务。建立改造资金政府与居民、社会力量合理共担机制，合理落实居民出资责任，加大政府支持力度，持续提升金融服务力度和质量，推动社会力量参与，落实税费减免政策。进一步推动惠民生扩内需、推进城市更新和开发建设方式转型、促进经济高质量发展。

住房和城乡建设部办公厅印发《城市管理执法装备配备指导标准（试行）》

■ 编写组

2020年7月3日，住房和城乡建设部办公厅印发《城市管理执法装备配备指导标准（试行）》的通知，对城市管理执法队伍在城市管理执法装备配备制定了相应的标准。城市管理执法装备是城市管理执法工作的物质基础，是城市管理执法队伍建设的重要组成部分。据悉，该《标准》主要适用于直辖市和市、县（含县级市、市辖区）城市管理执法部门，开发区、工业园区等功能区城市管理执法部门，可参照执行。地方各级城市管理执法部门要坚持"保障需要，厉行节约"原则，参照《标准》要求配备执法装备。

根据要求，地方各级城市管理执法部门要建立健全城市管理执法装备使用、维护、报废、更新等方面管理制度，创新管理方式，对部分使用频率高、易损耗的装备，可建立实物储备和按需申领模式；加强执法装备使用、维护、管理等方面的业务培训，提高执法装备使用效率，推动执法水平不断提升。省级政府城市管理主管部门要加强对本行政区域城市管理执法装备配备管理工作的指导，督促抓好《标准》的落实。

北京市石景山区万余名“红绿蓝”志愿者，共同为垃圾分类“护航”

■ 北京石景山

市民积极参与垃圾分类，不仅使大家的习惯在改变，城市整体的文明素质也显著提升，北京市石景山区有万余名身着“红绿蓝”三色马甲的垃圾分类志愿者，他们一起致力于做好垃圾分类这件“关键小事”。

1. 在职党员积极参与“桶站值守”。据古城南路东社区的孙爱琴书记介绍，“桶站值守一小时”活动开展以来，在职党员们积极参与，现在一周七天的早晚高峰，都能在垃圾桶旁看到他们的身影。

2. 热心居民乐当“分类达人”。在鲁谷街道六合园南社区，67岁的居民岳国新带领周围的居民，使用石景山区开发的“石分达人”微信小程序，每天打卡，分享、点赞各种分类小妙招。在他的带动下，很多居民都学会了通过小程序参与垃圾分类互动活动。

3. “红绿蓝”志愿者队伍不断壮大。截至9月初，石景山区已有10112名党政机关、群团组织、企事业单位党员干部职工签订了《生活垃圾分类个人承诺书》。同时，全区结合疫情常态化防控措施和爱国卫生运动，把垃圾分类纳入在职党员“双报到”活动，发动在职党员全面参与社区垃圾分类宣传指导、桶前值守活动等，为垃圾分类注入了一股“红色力量”。据统计，石景山区已有3200多名在职党员和7100多名老街坊，身穿“红马甲”参与垃圾分类，他们值守在石景山区9个街道372个小区的4130组分类桶站旁，有力推进了社区垃圾分类工作。

前段时间，还有一支由青年志愿者组成的“蓝马甲”志愿队，也加入分类大军中来，为社区增添了一股年轻力量。来自首都经济贸易大学的王美萱是其中最早报名的队员，她说，“守桶虽然辛苦，但是看到居民的习惯一点点改变，逐渐做到自觉分类，让我觉得付出很有意义。”在团区委组织动员下，截至8月30日，全区已有3869名青年志愿者报名参与活动，累计“守桶”35441.5小时。

此外，石景山区城市管理委还组建了由460人组成的垃圾分类指导员专业队伍，他们身着“绿马甲”，每日早晚高峰开展分类指导、二次分拣和分类垃圾收集工作。

5月份以来，在万余名“红绿蓝”志愿者的努力下，石景山区全民参与垃圾分类蔚然成风，目前，全区372个居住小区已实现垃圾分类全覆盖，83家党政机关单位及下属企事业单位、95所学校幼儿园、210家医疗机构、41家大型商超等，均实现了垃圾强制分类全覆盖。

南京鼓楼城管“两服务、三保障”，全力助推重大项目建设

南京市鼓楼区城市管理局

为支持配合重大项目推进，南京市鼓楼区城管局主动对接企业，采取有效措施，高效助力重大项目推进。按照重大项目推进会要求，“聚焦项目、大抓落实”，在优化服务中转作风、强担当、促落实，为绿地项目保驾护航，着力塑造营商环境，确保重大项目落实落地。

两服务：一是主动上门服务。鼓楼区城管局多次与绿地集团项目负责人，土方承运公司负责人召开会议，座谈了解项目现阶段施工进度、项目困难，专题商讨研究解决办法，为企业排忧解难。二是建立工作机制。针对项目场地内74万方渣土外运处置困难的突出问题，采取联动保障、靠前服务等措施，建立绿地项目长效服务保障机制，制定具体措施，主动协调解决土方外运问题，形成工作专报，采取“每日一报”的形式，实时掌握施工状态。

三保障：一是渣土外运保障。针对项目土质情况较差、外运困难，主动协调，确保土方处置不出问题。二是精准服务保障。每日安排执法人员定人定责，定点保障，配合渣土运输单位现场调度，确保每日运输车辆不少于100辆，积极开通绿色通道，帮助土方运输单位与市渣土处置指导中心主动进行协调。三是项目推进保障。要求相关单位制定夜间渣土运输方案，确保每日夜间渣土运输车辆确保100辆，土方外运量达到2000方以上；安排专人调度，保证车辆运输效率。

高淳区“井长”监管店铺前雨水井，从源头治理污水乱排放问题

陈文 南京市高淳区城市管理局

自2019年起，南京市高淳区淳溪街道通过前期调研，确定了主城区栗园路、天河路两个路段，推行“井长制”工作。此项工作，首先通过开展摸底排查工作，理清2条试点路段的雨水井数量和位置，落实所有井长；其次，按照分级负责、属地管理的原则，淳溪街道对区域内雨水井分级分段设立三级井长制，一级井长由沿街店家担任；二级井长由网格中队执法队员担任；三级井长由网格中队中队长担任。第三，建立健全“井长制”管理保护责任体系，明确井长职责，实施“四报告”“四到位”制度、公示制度、考核激励制度，促进“井长制”取得实效。

在试点工作的成功经验的基础上，淳溪街道全面推广“井长制”，完成了对辖区所有雨水井和商铺信息的排查和主干道雨水井一级井长二维码的编排工作；还将定期组织培训、日常考核工作，联动保洁监督，形成初步“动态天眼”，在重点点位加设“静态天眼”，多管齐下推动“井长制”，实现城市环境“洁净美”。

据统计，高淳区8个街镇总计74条道路、7125口井落实了“井长制”，共有1605名一级井长、70名二级井长、19名三级井长。

南京玄武红山街道城管清理“空中菜园”

叶卫红 南京市玄武区红山街道办事处

近日，南京市玄武区红山街道组织城管科、物业办，社区工作人员、物业、协管员对11栋楼顶的“空中菜园”进行了清理。此前，社区居民拨打市12345政务热线，反映其所居住的红山街道紫金小营社区紫金墨香苑11栋有居民在楼顶上种菜，经常闻着像农村菜地里施肥用的大粪味道。社区接到工单后立即现场核实，发现情况属实。投诉工单三天到期，在住户没有自行清理的情况下，社区请城管协助，组织相关人员对楼顶进行清理，经过半个多小时的清理，将楼顶还原至原貌。

清理后，居民闻知此事，称赞社区做得漂亮，还给了居民一个清香、优雅的生活环境，并对此鼓掌点赞。

城市生活垃圾分类如何因地制宜去推动

——来自南京市建邺区的调查报告

■ 黄元祥 周革 马昌军 于雪峰

垃圾分类是一项紧系民生和经济社会高质量发展的重大议题。习近平总书记指出："推行垃圾分类，关键是要加强科学管理、形成长效机制、推动习惯养成。要加强引导、因地制宜、持续推进，把工作做细做实，持之以恒抓下去。要开展广泛的教育引导工作，让广大人民群众认识到实行垃圾分类的重要性和必要性，通过有效的督促引导，让更多人行动起来，培养垃圾分类的好习惯，全社会人人动手，一起来为改善生活环境做努力，一起来为绿色发展、可持续发展作贡献。"

2017 年，南京市作为全国 46 个生活垃圾强制分类城市之一，也采取了很多措施大力推进垃圾分类工作。目前，《南京市生活垃圾管理条例》于 2020 年 11 月 1 日开始实施。为进一步提升建邺区垃圾分类工作高质量发展水平，促进生活垃圾处理减量化、资源化、无害化，实现环境效益、社会效益和经济效益同步提升，切实提升建邺区域营商环境。2020 年 4 月，建邺区按照市委市政府统一部署，组织了 13 个小区、8 个单位参与了全市垃圾分类工作先行先试任务，取得了一些实践成果，也暴露出了一些实际问题。

为加快推进垃圾分类工作高质量发展，南京市建邺区城管局通过座谈交流、实地查看、问卷调查等方式，对比上海市成功经验和反思先行先试工作中的不足，围绕垃圾分类试点成效和年度目标任务，对如何因地制宜推进垃圾分类工作的高质量发展进行了调研。

一、建邺区垃圾分类工作基本情况

按照《2020 年南京市垃圾分类重点任务通知》（宁垃分发［2020］1 号）精神，建邺区紧紧围绕目标任务，建立健全组织领导、完善制度措施、强化宣传引导、规范建设标准、压实责任主体，确保各项任务有序推进。区政府依据市实施方案要求，从 6 个街道 353 个小区中选定 13 个小区（金基唐城、建盛丽庭、鸿达新寓、丹枫园、宏图上水云锦、金隅紫京府、中海丽舍东苑、中海丽舍西苑、保利香槟国际、仁恒江湾城一期、仁恒江湾城二期、胜科星洲府澜庭、仁恒绿洲新岛水木园）和 8 个单位（江苏农业科技大厦、江苏省档案馆、中国邮政速递物流江苏分公司、香阳楼、莲花社区卫生中心、涵月楼、双闸街道办事处、星月街幼儿园）担负先行先试任务，试点单位均于 5 月底完成方案优化、入户宣传、问卷调查、选址布点、房（亭）设计等工作，其中 9 个小区完成"撤桶并点、分类投放"和 25 个收集点房（亭）设置工作，8 个试点单位已全部完成任务。

先行先试任务启动后，区、街道和相关职能部门面对推进过程中的困难，不等不靠，坚持迎难而上，主动作为，特别是区人大、区政协多次过问推进情况，委员们也献计献策，共同研究推进措施和方法的落实，但仍有 4 个小区因群众工作难度大和选址布点阻力大，房（亭）建设尚未落地。建邺区城管局结合年度目标任务，持续深入做实居民思想工作，力争试点任务、年度任务双完成。

二、垃圾分类试点工作的探索与实践

建邺区在组织垃圾分类试点工作中，坚持“因地制宜、精准施策”，及时修正方案计划，不断完善“一小区一方案、一单位一方案”，积极探索推进方法。

（一）试点工作主要做法

强化组织领导，建立健全组织机构。成立以区长为组长、分管区长为副组长，6 个街道书记、16 个职能部门主要领导为组员的领导工作小组，及时传达上级决策，精准部署相关任务、研究具体落实措施，落实街道、社区书记为第一责任人。分解细化目标任务。按照市重点任务的阶段划分，区、街两级紧密结合试点小区单位实际，研究上门宣传、选址布点、房（亭）设计等环节，确保先行先试有序展开。坚持例会及时调度。区、街、社区和相关职能部门，坚持定期不定期召开调度会、协调会、座谈会，区主要领导及分管领导先后召开专题调度会 15 次，在推进中及时研判情况和作出工作调整，及时解决问题矛盾，做实“三早一实”即早开工、早使用、早便民和压实主体责任，形成党群同向发力的局面。

强化宣传引导，注重营造分类氛围。按照市统一计划，全区做到每月开展 1 场垃圾分类新闻发布会、1 场垃圾分类大家谈等活动，加大各类媒体报道力度，让分类理念向全社会传播；利用 LED 大屏、横幅、宣传栏和给居民一封信等方式，加大公益宣传频次，普及垃圾分类知识，激发社区、学校、机关、企业等不同群体参与热情。发挥党建引领作用。莫愁湖兆园社区党委书记，为让居民彻底知晓垃圾分类工作，不仅发放致业主的一封信和调查问卷，还逐户上门征求居民关于收集点建设和撤桶并点的意见和建议，并对收集点位置设置、集中收集的时间点等问题，向居民进行详细解释和宣传。确定选址后，又充分发挥小区“五老”居民（老干部、老军人、老党员、老教师、老职工）的引领作用，以群众带动群众，落细分类实践，加大上门宣传力度。街道、社区组织垃圾分类工作人员、居民代表、志愿者分时段挨家挨户上门开展征求意见、发放宣传手册、指导分类方法、动员参与等活动，为居民群众提供更加直观的分类知识，切实提升居民垃圾分类的知晓率和参与率。

强化源头管理，指导家庭初步分类。发挥垃圾分类指导员、志愿者、热心居民等人员作用，积极指导居民群众在垃圾产生时就建立初步分类意识，为正确投放、合理积分、减弱异味、便于处置等工作奠定基础。严格定点精准投放。针对居民居住环境、生活习惯等特点，加大丢弃垃圾高峰期的投放管理，严格指导员开袋检查，做到“检查在点、指导在点、宣传在点、积分在点”，确保居民垃圾分类精准投放，逐步养成源头分类的好习惯。落实定时清运管理。为保障试点工作顺利展开，建环公司自筹资金 150 万元，购置 8 辆专业分类车辆进行保障；各试点小区、单位落实收集点公示制度，严格公开定时投放时间、指导员姓名、联系方式、清运时间频次和分类注意事项；尤其在落实定时清运上，把定时收运、直收直运紧密结合起来，确保收集点周边不囤积垃圾、箱桶不溢满垃圾，让居民群众真正感受到“撤桶并点、分类投放”带来的便利，

增强了居民“主动分”“我要分”的意识，多个小区投放正确率、积分开卡率达到98%以上。

强化创新引领，坚持技术创新。为提高垃圾分类效率，试点单位在智能设备选择上，注重实事求是、因地制宜、充分论证，有效整合设备功能以满足居民群众需求。从试点情况看，多数设施建设都能充分考虑到居民信息浏览问题，实时达到人机互动效果，既让居民了解自身投放情况，也让居民知晓自己的积分排行榜，让高科技助推垃圾分类落实。坚持技术整合。充分利用智能设备视频监控、扫码投放、自动称重、紫外线消毒、超声波满桶提示、语音播报等功能，从分类源头投放到收集、收运，追踪全程，精确到人、到点、到次，使垃圾分类投放做到更快、更准、更细致，做到各项数据精准、可靠、真实可查；尤其是收运车辆GPS定位的使用，规范了收运路线，使分类垃圾的运输线路一览无遗，做到“实时监控、防止回流”。坚持方法创新。沙洲街道为打消群众“撤桶并点”疑虑，在智能房（亭）建设上，实现居民投放便捷、小区环境改善、可视监管等多项功能整合，积极运用刷卡、APP扫码投递、智能称重数据可溯源等技术；对并点后的垃圾异味问题，积极推广垃圾房（亭）配备光触媒杀菌除臭系统；对收集点监管问题，积极配套设置垃圾房（亭）监控系统，实现实时查看垃圾分类投放行为，做到有迹可循。

（二）试点工作成效

对已建成的垃圾收集点分类投放、收运处置等情况评估表明，垃圾资源化、减量化、无害化目标得到了相当大程度的实现，社区人文环境得到明显优化，居民群众的生态环保意识得到明显提升。试点时间虽短，但也成效凸显。一是“三增一减”成效突显。先行先试小区和单位在实施垃圾分类后，有害垃圾、厨余垃圾、可回收垃圾集中投放的准确率分别提高到95%以上，“三增一减”效果明显。二是居民环保意识增强。通过持续深入的宣传引导和积分兑换，居民群众的环保理念明显增强，分类知识得到普及，实施垃圾分类的热情高涨，越来越多的社区居民对“撤桶并点、分类投放”更加认可。“你家分类了吗”“你投准了吗”“今天积了多少分”已成为社区居民的热门话题，全民参与的社会氛围正在逐步形成。三是社区环境更加优化。试点小区和单位的垃圾房（亭）落地使用后，小区院落内随处可见的垃圾桶被干净整洁、智能时尚、美观大气上档次的房（亭）所替代；原先散布在每幢楼或单元前的垃圾桶，进入夏季就蚊蝇环绕、异味熏天的现象没有了；尤其是垃圾收集点向地下层延伸建设的小区，地面环境愈加干净、利索、清爽，居民早晚地面活动的空间环境得到了显著改善。

三、垃圾分类试点工作存在的问题

经费投入不足。从这次“撤桶并点、分类投放”的先行先试情况看，垃圾分类经费来源方面尚未设立专项资金，区城管局前期虽然下拨了500多万资金，但与实际资金需求相比尚存较大缺口，经费问题对垃圾分类工作全面展开有较大制约，如垃圾房（亭）硬件设施、分类清运等费用不足问题尚存。

专业人员编配欠缺。从垃圾分类专业工作人员情况看，编配不足，多为临时组建人员，岗位流动较快，缺乏相应专业知识，在推进过程中常常遇到各种各样的矛盾及阻碍，对居民群众释疑解惑的专业知识度不够。

少数居民抵触。虽然各级各层面做了大量的宣传引导，但少数居民对垃圾分类不理解、不支持、参与度不高和“邻避效应”问题比较突出，尤其少数小区居民对试点工作抵触，反复电话投诉，阻碍收集点设施落地，导致个别小区垃圾分类工作推进困难。

四、垃圾分类工作的思考

生活垃圾分类工作涉及千家万户，建议借鉴上海等地宣传声势浩大、制度保障有力、市场化运作效果显著的成功经验，结合南京市《南京市生活垃圾管理条例》颁布实施的契机，进一步做实全区垃圾分类高质量发展。

强化工作合力，持续发挥宣传导向作用。打造生活垃圾分类宣传全媒体阵地，广泛开展生活垃圾分类宣传，提高居民生活垃圾分类意识，从点滴习惯做起、从小学课堂抓起、从背街小巷做起，打响一场人人参与生活垃圾分类、人人共享生态红利的“人民战争”，全力营造“政府倡导、社会支持、人人参与”的良好氛围。深入开展“八进”活动。通过开展生活垃圾分类“进机关、进学校、进社区、进家庭、进企业、进商场、进宾馆、进窗口”活动，将生活垃圾分类纳入文明单位、社会实践、志愿活动等范畴，全力营造合力推进的工作氛围。尤其是要将在校学生、物业管理、家政服务的从业人员以及机关事业单位工作人员，列入分类宣传、教育、培训的重点对象。切实加强专业队伍建设。建立健全一支自上而下的生活垃圾分类处理工作管理队伍，特别是街道、社区两级要落实专职人员，确保生活垃圾分类工作有人管、有人做。

强化政策保障，引育专业公司。完善再生资源回收行业发展政策，加大扶持力度，培育引进一批再生资源回收企业，鼓励社会资本参与到生活垃圾分类处理全过程，缓解政府资金不足，推进生活垃圾分类处理产业化进程。实行收费机制。按照“谁产生、谁付费”的原则，探索实行居民生活垃圾收费制度，提高分类主动性与自觉性，确保生活垃圾分类工作长期持续推进。购买第三方服务。鼓励通过购买服务形式，引入专业公司参与生活垃圾分类，加强线上宣传与线下互动，建立实名制垃圾溯源监督管理系统，提高居民参与生活垃圾分类处理的积极性和主动性。

强化考核评比，推行积分奖励制度。参照先进地区的成功做法，建立居民生活垃圾分类“实名投放＋积分奖励”制度，建立居民分类投放质量台账和荣誉榜，作为积分奖励和荣誉评比的依据。纳入网格管理机制。实施领导干部定点联系制度，完善区领导联系街道、部门联系社区工作机制。建议推广“党建＋”模式，党员干部入户动员、带头分类、谈话谈心，以生活垃圾分类为抓手，系统推进社区治理工作。完善评价机制。把文明创建、生态建设与生活垃圾分类工作有机结合，协同推进。健全生活垃圾分类考核评价机制，实行以分档考核为主要评价标准的补贴机制，并纳入街道、社区干部绩效考核。坚持考核内容“精细化”，考核方法“科学化”，考核结果“效用化”，切实推进区域生活垃圾分类处理规范化进程。坚持统筹谋划、整体推进，严格落实区委区政府定期调度机制，紧盯进度、狠抓落实，确保按时完成全区 60% 即 192 个小区实现“撤桶并点、分类投放”任务。

（作者黄元祥系南京市建邺区城市管理局局长，作者周革系南京市建邺区城市管理局副局长，作者马昌军、于雪峰工作单位为南京市建邺区城市管理局）

构建城市管理“智慧＋”让城市管理更智慧

■ 吴亚萍

习近平总书记在浙江考察时指出：“一流城市要有一流治理，一流治理，重点就在于城市治理的科学化、精细化、智能化。”近年来，南京市江宁城管有效创新城市管理手段，加速大数据、互联网与城市管理的深度融合，强化大数据智能化技术在停车、环卫、市容、渣土、违建等城市管理领域的广泛应用，构建城市管理“智慧＋”模式，让城市管理更“聪明”、更“智慧”。

一、推进智慧停车建设，助力城市静态交通管控

随着社会经济的发展，人们生活条件的改善，私家车越来越普及到寻常百姓家，停车设施供需不平衡的“刚性困难”和信息不对称导致车位难寻的“软困难”也开始出现。近年来，该区城管局深耕各类停车资源，试点“错峰停车”改造，全面摸排文靖路沿线小区停车资源，依靠物联网科技，深度挖掘白天共享车位和晚间共享车位共2400余个；积极探索“泊位视频桩”试点项目，实现准确计时和在线缴费，提高停车缴费效率，放大空位资源；创新应用电子围栏技术，精确共享单车等非机动车运行轨迹，通过大数据分析掌握停放热力分布、站点分布等有效数据，从而科学制定管理政策、施划单车停放站点及区域。2020年加快智慧停车3.0系统建设，集中采集216处公共停车场余位信息，在竹山路、文鼎等商圈建设一级停车诱导屏，实时发布剩余车位信息，引导车主合理选择停车地点，减少盲目等待时间。

二、推进智慧环卫管理，引领绿色低碳生活模式

江宁区城管局智慧环卫系统通过“云平台＋移动互联网＋智能终端”的三位一体技术手段，着重针对环卫作业人员和车辆的实时定位、公厕和中转站的远程监控等应用需求，实现环卫实时调度、在线监测、精准管理功能。据悉，目前该系统已完成一、二期项目建设，通过对环卫管理所涉及的人、车、物、事进行全过程实时管控，及时指挥、调度环卫机械和人员力量，切实提升环卫管理水平，为进一步落实定区域、定单位、定人员、定责任的“四定机制”，提升全区环境卫生规范化、现代化、科学化管理水平添砖加瓦。

三、推进景观亮化智能建设，促进夜景亮化工程提档升级

小龙湾网红桥、秦淮河灯光秀、南京南站……近年来，区城管局为提升我区城市景观亮化发展水平下足“绣花”功夫，打造了一批夜景亮化精品工程。2020年计划加快建设江宁区景观照明监控中心，建立完善有效的管理体系，打造规划科学、设计专业、实施有序、管理有效、养护全面、运行平稳的精品景观照明项目。另外，还将逐步对政府投资建设的照明亮化设施进行接收管养，做到集中控制、智慧管理、精细维保，进一步提升该区景观照明设施维护管养水平，结合“节能、环保、适度”原则，塑造“夜美江宁”品牌，实现景观效果和经济效益相统一。

四、推进数字城管建设，不断完善“云上城市管家”功能

信息采集员在一线挖掘城市管理问题后将信息上传、交办、核查，座席员在平台受理、派遣、监督案件，确保各类城市病及时解决，这一套“云上城市管家”运作模式，得益于江宁智慧数字城管系统。该系统于2010年启动建设，经过近10年实践与探索，实现了街道数字城管二级平台全覆盖和市、区、街三级平台的互联互通。随着城市文明程度不断提高，市民参与城市管理的热情水涨船高，该区城管局紧跟移动互联网潮流，于2017年推出“江宁城市啄木鸟”平台，市民点击注册“江宁城市啄木鸟”微信小程序，即可拍照上传城市环境脏乱差问题，由后台工作人员派遣至责任部门、街道（园区）处置，构建了简单灵活、处置高效、方便群众的城市治理工作平台，实现了城市治理范围的全覆盖，拓宽了全民参与城市治理的新渠道。

五、推进智慧渣管建设，提升渣土运输管控水平

近年来，该区渣土办调整工作思路，重点打造渣土车智能定位系统监管平台、智慧工地平台在线扬尘检测系统等高科技监管技术。今年，结合我区渣土管控业务特点，以简化审批流程、远程实时监管车辆、出报表数据分析为目标，区渣土办将牵头建立江宁区智慧渣土监管平台。据悉，目前智慧渣土监管平台已完成一期建设，建好的平台将有线上审批、实时监控、围栏管控、渣土弃置场方量估算以及数据报表等5项主要功能。其中，线上审批功能是亮点功能，渣土运输企业可线上申请办理三证（查验合格证明、准运证、通行证），审批办理完成后，三证信息会生成一码，录入到每一辆渣土车专有二维码中，贴在车辆指定位置，执法队员扫描该码登录平台APP即可查看三证情况及过往刷证记录。另外车身还张贴微信二维码，市民可通过扫描该二维码监督该车辆是否按证行驶，如未按规定运输渣土可拨打监督电话提供线索，为实现全民监督提供平台。

六、推进违建动态管控系统维护，强化违建“档案库”建设

自2017年南京市违法建设动态监管系统上线运行以来，区违建档案库也随之建立起来：经纬度、建成和查处时间、建设人、查处面积等违章建筑相关信息，拆除前、拆除中、拆除后的面貌等执法过程信息均可在该系统上查看；系统实现与12345市民举报违建类工单的无缝对接，可实时监控属地街道（园区）违建工单办理情况，对未通过审核的工单退回重新办理。同时，属地街道（园区）通过日常巡查掌握的违建信息也可以录入该系统。除此之外该系统还可实现违法建设的销账式管理，即存量违建拆除、核查无误后将从任务表中销账，但相关信息仍会保存在系统。

（作者单位：南京市江宁区城市管理局）

助力企业复工复产的城管执法新举措

■ 杨猛

在疫情防控常态化前提下，助力企业复工复产成为社会共识。南京市鼓楼区城市管理综合行政执法大队（以下简称鼓楼城管大队）在抓牢常态化疫情防控的同时，强化服务意识、创新服务机制、改进服务方式，注重坚持效果导向，转变执法理念，调整执法路径，将纾解企业困难与维护城市环境卫生并重，寓管理于服务之中，深化便民利民服务，为辖区内企业复工复产注入活力。

一、靠前服务，主动对接，助力企业有序复工

面对疫情期间渣土运输企业复工难、复工慢的现状，鼓楼城管大队渣土中队主动出击，逐一联系渣土运输企业负责人，点对点加强复工复产宣传，督促企业按照要求做好复工复产准备。建立企业复工生产微信群，及时了解和掌握企业存在的困难，热心帮助解决问题。近期，渣土中队每日安排执法人员定人定责、定点保障，确保每日运输车辆不少于100辆，同时为土方承运单位开通绿色通道，帮助企业与市渣土处置指导中心主动进行协调，解决渣土外运、倾倒等问题，确保渣土处置到位。如针对某项目场地内74万方渣土外运处置困难的突出问题，渣土中队采取联动保障、靠前服务等措施，主动协调解决渣土外运难题，并形成工作专报，采取“每日一报”的形式，实时掌握施工状态。

鼓楼城管大队综合执法中队主动上门服务，帮助辖区内红杏酒家、新城市广场、海宏昌饭店、向阳渔港、索菲特银河酒店等单位联系区环卫公司，签订正式餐厨垃圾清运合同。源头治理既解除了企业餐厨垃圾处理的后顾之忧，又消除了污染环境的风险。在得知辖区内“花生唐喜年”中心广告设施因报批审核流程而导致复工进度慢后，综合执法中队及时与“花生唐喜年”中心运营部门对接，并与所在街道城管科等相关职能部门联系，加快办证进度，助力企业复工。

二、周到服务，多措并举，解决企业实际困难

考虑到疫情期间企业存在的困难，鼓楼城管大队注重灵活调整执法尺度，以劝导宣传为主，对于轻微违规行为一般不实施处罚，切实解决企业实际困难。

近期，鼓楼城管大队水务中队巡查地铁五号线福建路站勘查站点时发现，该场地几个月来一直处于开工准备阶段，沉淀池、排水管道接管等项目未建造，排水许可证未办理。企业不敢施工排水，一直处于等待阶段，项目负责人心急如焚。针对企业面临的困境，水务中队认真分析，规范引导。一方面坚守执法底线，帮助企业协调工地办证事宜，缩短办证周期，推进企业尽快取得合法的排水手续 另一方面本着事前预防，提前宣传的原则，在证件下发之前对该工地进行规范排水指导，梳理地铁站点周边管网走向，合理布局场地内市政管网，加快推进施工进度。该公司提出在鼓楼区还有其他站点也面临着同样的困境，需要规范排水指导。水务中队执法队员尽心尽责，挨个工地进行规范指导，帮助企业减少停工损失。

水务中队通过周到执法服务，大大提高了场地工作效率，也为企业争取了宝贵的施工时间。该单位项目部负责人送来“服务周到 精心尽职”锦旗，对水务中队助力企业复工复产的举动表示赞扬和感谢。

三、贴心服务，包容审慎，落实执法为民理念

中建三局第一分公司为武汉公司，承接我辖区马家街金茂广场二期工地，在施工过程中存在未经许可向城市排水设施排水行为。鼓楼城管大队水务中队在查处中了解到，该公司已于 2019 年 11 月申请办理排水许可证，由于疫情原因，前期经办人滞留武汉，导致没有及时办理排水许可证。该项目三级沉淀池、外排管道的设置等排水硬件条件合规，并且该单位在2019年9月与鼓楼区通达市政签订管网养护协议，排出去的水为清水，不含有泥沙等杂质。水务设施管理中心出具鉴定也显示该单位排出的水未对市政设施造成损失。水务中队通过走访进一步了解得知，该单位武汉公司在疫情期间，独立承建武汉雷神山医院，为疫情防控作出了贡献。南京方当事人也在疫情期间积极为鼓楼区提供防疫物资，受到鼓楼区政府部门的表扬通报。

本着对负责任企业负责的精神，水务中队通过综合研判，包容审慎讨论，建议对当事人中建三局第一分公司的未经许可向城市排水设施排水的行为免于行政处罚。目前该案件还在进一步办理当中。

四、深化服务，强化监管，规范临时外摆摊点

疫情的发生，不仅对市民群众的正常生活带来了一定影响，也对中小型企业和个体商家经营带来了较大冲击。在统筹经济发展与疫情防控形势下，南京市委市政府大力推进“四新”行动，明确“营造消费新场景，适当放宽临时外摆限制”。这种赋予了“烟火气息”的政策既能“给底层民众一点温暖”，激发城市生活气息，也是建设责任型、服务型政府的应有之义。

鼓楼城管大队按照市城管局要求，根据鼓楼区疫情防控实际需要，积极助力营造消费新场景，给疫情期间的小商贩带去生存的“火种”。在征求相关部门意见后，明确专人负责临时外摆摊点对接工作，公布联系方式，积极回应、解答商家关切和诉求。在辖区内的中商金润发龙江超市、金轮新天地、先锋奥特莱斯等九处地点设置临时性户外活动场所，明确摊点主要负责人、具体管理人员，指导和督促负责人落实相关管理责任。规定拟容纳摊点数量、经营服务品种、经营时间及控制范围，本着便民利民不扰民的原则，既要帮助商户度过疫情难关，满足周边市民消费需求，释放“地摊经济”的最大活力，又要强化监管，建立健全管理机制，确保“放权”不“失衡”，维护市容环境卫生整洁。

非常之时，行非常之策，出非常之力。城市建设包含着人文建设，城管执法既要有“刚性”，即坚持依法依规、公平公正，更要有“柔性”，即坚持人性化执法，体现执法的“温度”。在市委市政府战疫情、扩内需、稳增长“四新”行动要求下，鼓楼城管大队积极寻求维护城市环境秩序与利民便民、商家谋生之间的平衡点、共赢点，通过强化服务意识，在城市管理和服务细节方面下功夫，助力企业复工复产，为辖区经济社会秩序全面恢复提供有力保障。

（作者单位：南京市鼓楼区城市管理综合行政执法大队）

拥抱新时代 追逐新时尚

——南京江北新区垃圾分类志愿行

■ 宋晓菊

2020年是决胜全面小康、决战脱贫攻坚收官之年，也是南京市进入垃圾强制分类的关键一年。在疫情防控常态化的当下，南京市城市治理志愿者协会江北新区分会为更好引导新区居民逐步养成主动分类的生活习惯，形成大家共同参与垃圾分类的良好氛围，志愿者们充分发挥志愿服务队伍特色优势，利用资源搭建和参与新区垃圾分类志愿服务工作，积极开展和参与内容丰富、形式多样的垃圾分类志愿服务活动。

一、多种渠道招募参与更快捷

江北新区的居民均可通过线上线下多种方式报名成为新区垃圾分类志愿者，例如通过邮箱903004401@qq.com报名、拨打电话88020332报名、在江北新区政务服务中心现场报名、通过微信公众号报名等，其中新区官微的“云”报名系统是新区大数据中心开发的，其采用了最新的公安实名认证对比系统，使用第二代静态实人对比技术，确保报名用户的姓名与身份证相匹配，摄像头实拍与公安底库相匹配；同时通过手机验证码、后台传输数据加密等多种技术方式，确保了报名用户实名登录以及实人操作，大大提高和保护了志愿者报名用户信息的安全性与隐私性。通过搭建志愿者多渠道、更快捷的报名信息平台，有效提高了新区垃圾分类工作的公众参与度。

二、你说我聊“大家谈”献计献策

“绿水青山就是金山银山”，垃圾分类作为一种新时尚的生活方式，其不仅是高质量发展的重要内容，也是社会文

明水平的一个重要体现。为深入推进新区垃圾分类工作的推广和宣传工作，让新区居民深入了解和支持垃圾分类工作，新区的城市治理志愿者们分别走入了社区、企业、商家，学校……踊跃参加“绿水青山南京垃圾分类大家谈”系列活动。共同探讨关于生活垃圾前端收集、中端运输、末端处置等的实际问题 共同探讨垃圾分类房建设如何减少对居民的影响，怎样提高居民参与垃圾分类的积极性，如何规范垃圾分类运输、完善收运体系等话题，为新区垃圾分类工作献计献策。

三、主题活动大众参与人气旺

新时代，新青年，葛塘街道志愿者联合绿环公司参与综合执法大队组织五四青年引领垃圾分类新时尚宣传活动，全力建设生活垃圾分类引领区，让垃圾分类成为当代新青年的时尚，努力打造魅力新葛塘，助力富强美高新江北。

顶山街道志愿者在金汤街小区开展以＂垃圾分类人人做，做好分类为人人＂为主题的＂垃圾分类宣传进社区＂活动。活动现场，志愿者给居民发放垃圾分类知识宣传册，讲解垃圾分类注意事项，居民们积极参与现场垃圾分类活动，活动气氛格外热烈。

泰山街道志愿者在浦口公园开展垃圾分类活动，通过做游戏、发放宣传单告知群众，让他们从自我做起，在平时的生活中做好垃圾分类投放。

盘城街道志愿者在山水园广场开展“绿水青山垃圾分类大家谈”活动。活动围绕“见底色”“固本色”“添亮色”三个方面开展，得到了广大居民的积极响应。目前，盘城社区着力推进“红蓝榜”“积分兑换”的垃圾分类奖惩机制，并同步建立“网格＋志愿者”的长效监督队伍，助力垃圾分类开展落实。

大厂街道志愿者对小区内垃圾分类设施和垃圾分类宣传

栏进行清洗，在小事中大力宣传和推进垃圾分类工作，将垃圾分类工作生活化、日常化。

“六一”儿童节，长芦街道志愿者在玉带实验小学开展“环境关系你我他 垃圾分类靠大家”的城市治理主题教育宣传活动。本次活动中孩子们主动参与，通过小组比拼和快问快答的游戏形式，给孩子们普及垃圾分类知识，提高孩子们辨析日常生活中常见的垃圾以及对垃圾进行分类的能力。活动中孩子们积极参与，团结合作，切实提高了垃圾分类的能力。

新区是我家，美丽靠大家。江北新区的城市治理志愿者们通过大众参与、大众分享的理念，探索江北新区城市治理与公众参与相结合的特色道路，积极参与垃圾分类志愿服务活动，做一群追逐“新时尚”、拥抱新时代的志愿者，打造江北新区城市治理志愿服务的靓丽名片。

（作者单位：南京市江北新区城市管理局）

溧水区城管局：我们并肩作战！坚守防疫一线的城管“夫妻档”

■ 程嘉

连日来，新冠肺炎疫情的发展牵动着我们的心，一场联防联控、群防群治的防控战役在溧水展开。在这个“战场”上，有这样一些家庭，他们既是并肩作战的战友，也是亲密无间的爱人，他们牺牲“小家”的温情换取了“大家”的平安，并肩“逆行”，成为抗击疫情的“最强搭档”。

抗击疫情，我们一起逆行而上

傅彬彬是溧水区城管局数字城管指挥中心的一名科员。自新型冠状病毒性肺炎疫情发生以来，他积极响应局党委号召，主动向局党委递交请愿书，请求投身一线，参加卡口防控检疫点执勤工作。傅彬彬所在的宁宣高速南京南收费站防控检疫点是溧水区车流量最大的出入口之一，检疫工作任务艰巨且繁重，每班次登记过境车辆信息超过一千条，人员信息超过三千条。在最难熬的大夜班，要从晚上 9 点半值守到第二天上午 8 点，夜里经常冻得手指发麻握不住笔，他却从不抱怨。

傅彬彬的妻子赵越同样作为一名城管队员也参与到此次防疫工作中。傅彬彬考虑自己身在防疫一线，有较大的感染风险，便选择了自我隔离。虽然一家人减少了接触，但没一句气馁的话，而是彼此加油鼓励。

共战“疫”线，无怨无悔

疫情就是命令，防控就是责任，自疫情发生以来，溧水区城管局执法大队渣土中队队员陶文栋时刻坚守防疫第一线。

无论是高速路口设卡配合交运、交警人员检查疫情，还是深入社区防控重点人员，他都无怨无悔。连续几日的奋战使他眼里布满血丝，但他只是滴上两点眼药水，又匆匆上阵。

他的妻子王琴同样作为城管局志愿者，参加了疫情防控工作。王琴在认真做好局里疫情防控报表和物资保障等工作的同时，常常进入社区和大家一起坚守在疫情防控的第一线。他们夫妻常说，守岗一分钟站好六十秒，要为打赢这场疫情防控阻击战做出自己的贡献。

“爱心餐”，情暖防疫一线

白马中队协管员孔正云，已经在中队工作6年，一直以来他都严格要求自己，他说作为一名党员，就要以身作则。防疫期间，他坚守在G25高速白马卡口，认真排查每一辆过往车辆，做好司乘人员个人信息登记，每天换岗后继续巡查集镇内有无销售活禽和野生动物现象。

有一次，孔正云在卡口登记车辆信息时，发现司机脸色苍白，表情痛苦。从交谈中他得知司机一大早从南京出发，准备回溧阳老家，但是溧阳高速路口封了，一路开车到白马，由于早上没吃饭，低血糖头晕没有力气。正值中午，孔正云便拿过自己的盒饭递给了这位司机，还给他倒了一杯开水，劝慰道：“这是刚送来的工作餐，干净的，你快吃吧！”司机接过盒饭，连声说：“谢谢！谢谢你们！谢谢溧水城管！”

孔正云的妻子杨金娣在白马镇农贸市场工作，疫情防控工作开展以来，她每日在农贸市场入口处给前来买菜的居民测量体温，并督促市场内营业的商户人员佩戴口罩。这场“抗疫”行动中，无数“夫妻档”齐上阵，冲在抗击疫情的最前线。

作为老队员，就要带好头！

“防疫期间，为了您的安全，请您戴好口罩，配合排查登记。”这是在晶桥镇府前路卡口参与防疫工作的城管辅助队员芮敬平常常挂在嘴边的一句话。现年51岁的芮敬平在接到防疫任务的第一时间，毅然放弃与家人的团聚，立即赶赴单位，作为第一批防疫人员前往卡口参与排查工作。他说：“疫情就是命令，防控就是责任，作为一名城管老队员，就要带好头。”

他深知一线卡口人员的不易，和妻子商量后，自行购买了近2000元的方便面、面包、水果等物资，慰问曹庄卡口的防疫人员。“他们用生命在保障曹庄的安全，我虽力量有限，也要尽尽心意。”芮敬平说。

他的妻子傅腊美是溧水环卫公司的一名保洁员，为保证做好手头的清洁防疫工作，疫情发生后她便一直临时居住在溧水，每天清晨出门，天黑才回家，夫妻之间每天的交流仅仅是一通电话。

在溧水城管的队伍中，还有许多这样的“夫妻档”分别奋战在疫情防控第一线，用责任与担当，诠释他们的“爱”。

（作者单位：南京市溧水区城市管理局）

李棉，一个将青春献给环卫事业的女性

■ 夏明

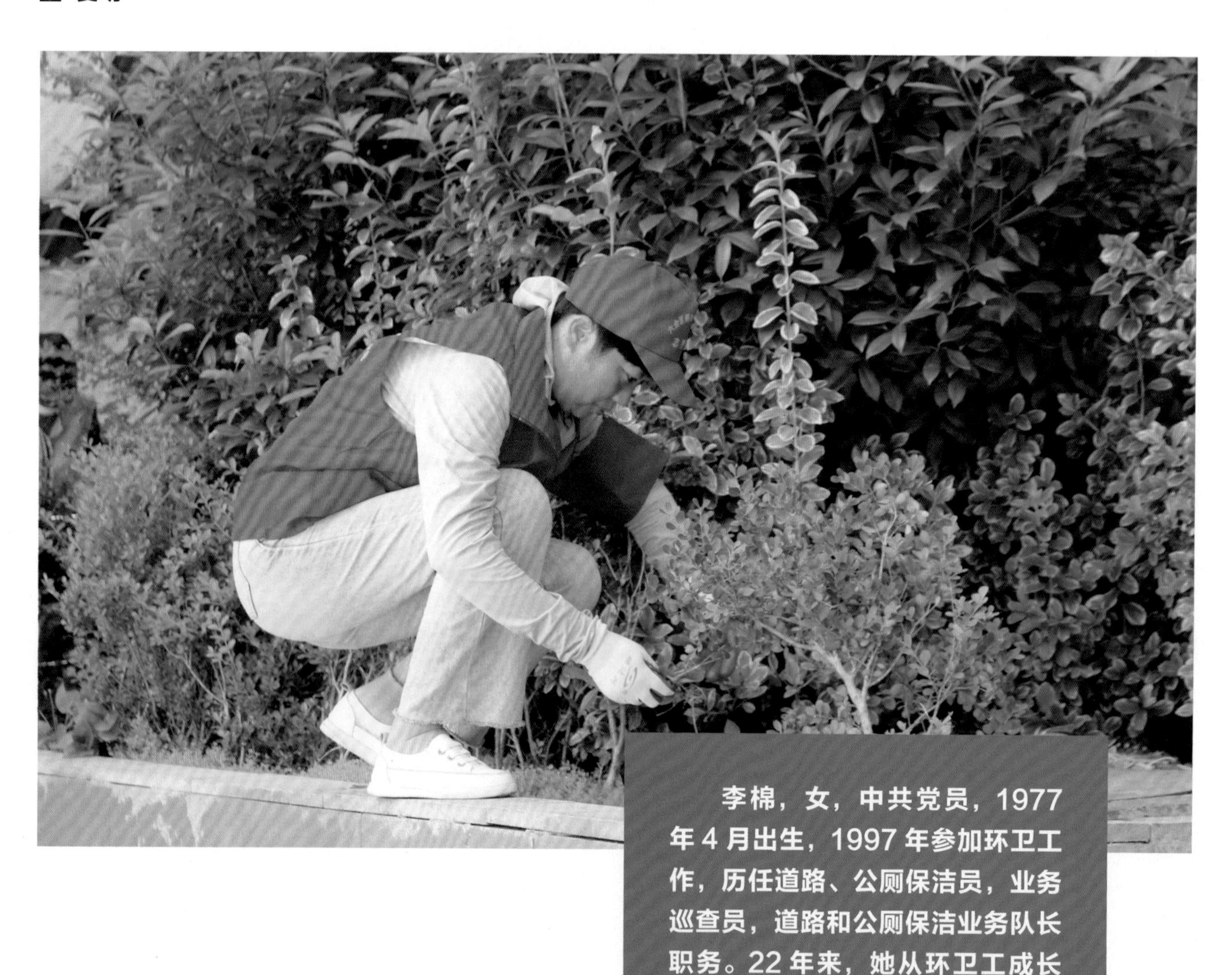

李棉，女，中共党员，1977年4月出生，1997年参加环卫工作，历任道路、公厕保洁员，业务巡查员，道路和公厕保洁业务队长职务。22年来，她从环卫工成长为业务队长，从普通群众成长为中共党员，在平凡岗位上发光发热，起到模范带头作用，多次获得市、区城管系统“先进个人”荣誉称号，不久前，还被六合区文明办授予2019年年度“最美环卫工人”称号。

一、冲破世俗、选择环卫

1997年4月份，一位年仅20岁、颜值较高的姑娘来到六合县环卫所（南京洁城环境工程有限公司前身）报到，她就是李棉。许多人对她做环卫工感到惊讶。环卫所尽管是事业单位，但工作又脏又苦，让人抬不起头，更要命的是工资收入低，还不能按时发放，谁愿意干这活，凭她的条件即使到个体商铺站店也比做环卫工收入高。一开始，李棉也不乐意，后来父母开导她，做环卫工永远不会失业的。一个人家每天要扫地，一个县城一天不扫地行吗？李棉想想也是，毅然决定冲破世俗偏见，去做环卫工，从此与马路和厕所结下了不解之缘。

第一次拿笤帚上马路在她心理上是很大的挑战。她从小就在农村成长，对在烈日或严寒下扫马路吃一点苦并不在乎，最怕的是见到亲朋好友。一开始，她总是主动要求上早班或夜班，尽量避开白天碰见熟人。一次，组长发现她扫马路时躲进商店，过一会儿等她出来时笑问她："是不是看到熟人了？"李棉不好意思地点点头。组长又问她男朋友知道你干这个工作吗？她害羞地笑笑。好在李棉同志没有被心理压力击垮，同时她的男朋友十分支持她，二人最终收获了美好的爱情。

二、立足岗位、扎实工作

后来，李棉调到公厕队冲洗厕所。如果说扫马路怕见熟人，而扫所则最怕的是气味和污物。过去，六合公厕大多是旱厕，没有自来水冲洗，保洁员情愿扫马路也不愿扫厕所。李棉刚做公厕保洁员时，每天回家后连饭都咽不下，一度也产生换工作的念头。每当这时，父母就鼓励她，使她战胜畏惧心理，坚定爱岗信心。她勤奋好学，特别是认真学习公厕考核标准，每天对照标准严格操作，还结合实际提出改进办法，业务能力不断提高，每次考核都达标或名列前茅。她的工作得到党组织的认可，她于2011年加入了中国共产党。

2012年，洁城公司成立开发区分公司，李棉出任分公司副经理。当时正值备战南京青奥会期间，保洁任务十分繁重。为了确保辖区内环境卫生达到上级规定的标准，她付出了许多努力。她做中层干部后仍然保留着与保洁员一道干活的习惯，遇到突发卫生情况通常自己主动去解决。同事们关心地劝她说："叫保洁员来清扫就可以了。"她却说："保洁员也没有闲着，有这时间不如自己做掉了。"工作中，她脏活累活抢着干，常常累得腰酸背痛，久而久之，身体每况愈下，医生甚至给她开了一个月的长假，可她仅仅休息了一周，就全身心投入到工作中去了。

三、提档升级、服务至上

2017年4月，李棉又担任了公厕业务队长，这一次她的家人也不大支持她了。原来，2016年春节她刚生了个"二孩"。此时的李棉已年近四旬，本来身体就虚弱，经过十月怀胎、分娩、一年的哺养，已经筋疲力尽并且身体还没有完全恢复过来。但李棉二话没说，果断挑起了重担。2017年，六合区对公厕升级改造，李棉忙得不可开交，她一方面向市民做解释，帮助化解市民投诉之类的矛盾；另一方面配合基建部门安装移动公厕，尽量给市民减少不便。

公厕改造后，新的考验又出现了。升级改造后的公厕如同星级宾馆厕所一样漂亮，考核也十分严格。一次，她按规定提前回家为孩子哺乳，半路上接到巡查员电话，说是有保洁员与市民发生争执，请她过去处理，她急忙赶到现场。原来是一位市民大妈在公厕面盆里洗鱼，还将鱼鳞倒入下水道内。保洁员劝阻反被谩骂。现在，二类以上公厕免费提供厕纸，有的市民经常往家里带，有的公厕烘手机刚安装几天就被人偷走，还有市民夏季如厕嫌热要求装空调（公厕内有吊扇）等情况，动辄12345工单投诉，不达目的不给满意。李棉遇到类似情况总是有理有节耐心做工作，一方面向市民宣传公厕管理的相关考核制度；另一方面还要教育保洁员注意方式方法，有时看到保洁员委屈落泪，她内心十分揪心。

两年来，李棉的公厕管理理念早已提升，不再是过去定期冲洗干净、打死几只苍蝇就完事了，而是要强化服务意识，力争让市民满意。她也努力做到了这一点。两年来，每次文明检查及测评中，公厕考核均取得较好的成绩，受到领导和同事们的一致称赞。

二十多年来，李棉在平凡的岗位上干着平凡的工作，用实际行动兑现着"无怨无悔，默默奉献"的承诺，用青春谱写着城市美容师华丽的乐章。

（作者单位：南京洁城环境工程有限公司）

志愿者阿姨
带动小区垃圾分类质效提升

■ 吕碧璇

高淳区淳溪街道河滨社区的朱淑慧阿姨是我区汉风公益协会的秘书长，作为汉风公益协会的骨干成员，她一直秉持着“奉献、友爱、互助、进步”的志愿精神并积极投身公益活动，参与了各级各类志愿服务几十余场次，受到了各级组织和社会的一致好评，也赢得了广大志愿者的普遍赞赏。

2020 年 4 月，高淳区淳溪街道河滨社区圣地苑小区率先实行小区垃圾分类定时定点投放制度，创建“先行先试示范小区”。

朱淑慧阿姨主动请缨，积极要求参与“垃圾分类志愿者”工作，她是圣地苑小区的业主，又是网格员，对圣地苑小区的居民十分了解，她每天带领志愿者们一同上门走访，宣传垃圾分类工作。

4 月 30 日，圣地苑小区撤桶并点，自此以后志愿者们 1 人承包 1 个楼栋，每天挨家挨户宣传垃圾分类知识，引导居民正确分类；帮助居民下载注册“南京市垃圾分类”小程序，引导居民学习垃圾分类知识。她每天 6 点不到就早早地站在垃圾分类房前宣传并引导居民正确分类，看到居民乱扔垃圾的，朱淑慧会上前检查并进行二次分拣，并进行宣传教育引导正确分类；每天利用晚上时间对白天记录的垃圾分类不太好的住户再次上门宣传沟通。一开始，很多居民嫌麻烦，不理解、不支持，她都会慢慢地、苦口婆心地去沟通，用自己的行动感化他们；居民们渐渐认识到了垃圾分类工作给他们带来好处，支持的人越来越多。“垃圾分类是一件好事情，我能为小区垃圾分类工作出一份力，感到很荣幸。”在朱大姐用心带领下，小区垃圾分类志愿者和居民的共同努力下，在小区涌现出一批垃圾分类示范户，圣地苑小区垃圾分类工作正朝前迈进！

（作者单位：南京市高淳区城市管理局）

城管人的 12 个时辰

■ 叶昊鹏

一天的有效时长有多久，对于学生来说，有 7 个小时；对于上班族来说，有 8 个小时；对于有的人来说，一天刚开始就已经结束了，但对南京市雨花台区综合行政执法局开发区中队和开发区管委会的队员来说， 24 个小时都有他们的身影。

卯时（05:00~06:59）早上 5 点，大部分人还在熟睡时，雨花经济开发区的菜场疏导群已经热火朝天地经营起来了，然而有的菜农为了争取有利位置，往往把摊点设在了疏导群门口。为此，一大早，管委会和中队的队员们就在门口巡查，确保疏导点合理有序运行。

辰时（7:00~8:59）新的一天正式拉开序幕，当人们还在家里或者路上惬意地享受早餐时，管委会和开发区中队的队员们已经赶到了锦华新城早餐点。按照规定，9 点之前，所有临时早餐点此时应停止经营，守时的摊主总是早早地收拾好了自己的摊位，推着车子离开了。但有部分店家还是忍不住想多做几笔生意，卡在时间点才开始整理。面对这样的情况，队员们采取“劝导为主，管理为辅”的模式，在不影响交通秩序和周围环境的前提下，督促摊主及时离开，这也得到了绝大多数经营业户和广大市民的配合、理解和支持。

巳时（9:00~10:59）雨花经济开发区正处于建设发展时期，目前辖区内共有 20 多处工地，中队规划员虽然对各个工地已了如指掌，但坐在办公室里总觉得不踏实，每天都要出去巡查一趟，去工地看看施工进度，看看有无按照要求进行验线，有无新增临时建设等。回到中队，再根据最新的情况，整理更新的规划台账，确保准确无误。

午时（11:00~12:59）刚吃完午饭，部分流动摊贩想利用此时的空档期摆摊设点，在各大企业门口做午饭生意，这不仅影响周围交通秩序和市容市貌，食品卫生安全也不让人放心。队员们又戴上执法装备，分头赶到龙藏大道、凤汇大道等主次干道企业门前，对这种“马路市场”严格取缔，对购买的人群也加大宣传，让人们自觉前去证照齐全的商家就餐。

未时（13:00~14:59）根据工作安排，园区内企事业单位垃圾分类工作正式开展，第一批共安排了 92 家单位及小区。刚到上班点，开发区中队的垃圾分类专员又带着宣传册奔赴各大单位，向一知半解的负责人详细地介绍垃圾分类的情况及最新工作要求，细致到每一个垃圾桶的摆放位置、宣传标语的尺寸大小等，都反复告知，确保开发区的垃圾分类工作走在全区前列。

申时（15:00~16:59）下午三点，正是板桥汽渡货物车辆忙碌的时候，开发区也是货物车辆上绕城公路的必经之路，此时的队员们在各大路口，对货运车辆进行检查，一旦发现货运车辆抛洒或者车轮有带泥污染地面等情况，按照要求进行查处。

酉时（17:00~18:59）夕阳西下，队员们一天的工作还没有结束，为了落实近期安排的长江入河排污口排查整治专项行动，队员们沿着辖区内的河岸，对入河两侧的排污口进行排查，打击污水偷排偷放行为。

戌时（19:00~20:59）夜幕逐渐降临，正是违建施工的高发时段，队员们配合管委会工作人员，对辖区内违建发生地段开展巡查，把违法建设消灭在萌芽状态。

亥时（21:00~22:59）晚上十点，路边的烧烤店生意正火热，客人多了，倚门出摊、占道经营现象也就多了起来，队员们例行开展夜间巡查，督促商铺入室经营。

子时－寅时（23:00~04:59）深夜来临，防止无证车辆偷倒乱倒建筑垃圾成了首要任务，值班的队员们兵分两路，一路驻守在空旷隐藏的地点，防止偷倒现象发生；一路则继续在路上巡查。

这就是雨花城管人的 12 个时辰，他们的每一天，就是在这样的忙碌与充实里周而复始，在白天和黑夜里继续迈步，力所能及地去完成他们的使命。

（作者单位：南京市雨花台区综合行政执法局）

国外的自行车管理政策措施

■ 编写组

为减少北上广等大城市交通拥堵，方便地铁公交一族出行“最后一公里”，自行车出行及公共自行车租赁蔚然成风。但租赁自行车遭损毁、无法规范化管理等乱象也层出不穷。国外的自行车管理政策措施，可以给大家一些参考借鉴。

德国——有专门自行车警察

“汽车大国”德国其实也是“自行车的王国”，拥有7000万辆自行车。德国尽管自行车多，但事故却很少，这与德国专职自行车警察密不可分。

德国自行车警察属于警察队伍的一部分。他们骑着特制的自行车，佩戴头盔，身着背部印着“自行车警察”字样的紧身自行车服，腰间还佩有手枪和警棍。自行车警察主要有两个任务，一是维持自行车交通秩序，包括公共自行车，对违规者进行记录、罚款及教育；二是进行自行车驾照培训考试。

据了解，德国8岁以下的儿童骑自行车必须走人行道。小学期间会有针对儿童骑自行车的培训及上路考试。只有通过考试的儿童才能单独在自行车道骑车，德国还教育学生骑自行车戴头盔。成人如果之前没有培训和考驾照，也得经过至少两天的培训，合格者才能获得驾照上路骑车。

德国城镇设有专门的自行车道，路面色彩鲜艳，有红色、青绿、墨黑。各地也有自行车交规，车主若违反交规，要被罚款。如没有车灯，罚款10欧元；骑车打手机，罚款25欧元。值得一提的是，德国骑车闯红灯惩罚非常严重：如果红灯已亮起1秒钟以上，骑车人仍然通过标线，将遭到100-180欧元高额罚款。处罚最重的是酒后骑车，不仅要罚款扣分，一般

还要蹲1–5年监狱。

严厉执法的同时，德国也采取各种措施鼓励民众骑车出行。德国最早建立自行车高速公路，公司和学校也有免费的自行车停车场。各地建立公共自行车网络，同时加强管理，公共自行车随处可见，一些城市甚至可以免费租车。

英国——有信用卡就能租车

人口约7000万的英国，汽车保有量不到4000万辆。数据显示，10年来英国私家车拥有率呈整体缓步下降趋势，原因之一就是越来越便捷的自行车交通。

2012年伦敦夏季奥运会后，租借自行车在英国流行起来，在一些国际大银行的资助下，市政府在各个角落都安置了自行车存取点，无论是当地市民还是游客，只要有信用卡，就可以轻松租借。

首先登陆赞助银行的官方网站，免费申请一份骑行线路图，找到相应街道，就能查询租借点，确认租车数量。在自行车旁租赁机器上的登录界面就能了解注意事项。第二步插入银行信用卡，选择租车选项，机器会显示租车费，即当天自行车的使用费，这一天无论租用多少次都只需付2英镑（约合人民币17元），但骑行时间另算价钱，30分钟内免费，超过则按每30分钟2英镑计算。租车者可以规划好行程，30分钟内还车再租。第三步，选车时，要仔细查看车胎、座椅是否完好。每辆自行车左边会有一排按钮，输入早前申请过程中拿到的密码即可取车。常骑车出行的人还可以成为年费会员，提前支付90英镑年费、3英镑专属车钥匙费，即可直接取车，收费标准不变。

租借车辆也要注意交通责任，英国对自行车出行的安全警示也非常具体，每个停车点都可以看到用不同语言介绍的“骑车须知”。

日本——每辆车都有“身份”

有轨电车是日本较常见的公共交通工具，为方便从电车站到家的“最后一公里”，日本自行车交通普及开来。电车站为此专门设置了“自行车放置处”。为防止被偷，日本给每辆自行车一个编号，人们买完车后到政府做简单登记手续，就能获得包含车主姓名、地址等信息的编号，车主用白色颜料笔将获得的编号写在车梁上，这种字迹很难用水、酒精等物品擦拭掉。一旦丢失，就可以上报编号请警察找回，因此很少有车辆被偷。

日本对自行车管理非常严格。日本《道路交通法》对自行车的管理同样适用，自行车相关的规矩也很多。例如，自行车的配置上，必须前后都有车灯（前车灯用于夜间照明，后车灯一般是夜间发光材质，用于提醒自行车后方的行人、车辆）。很多自行车还在车头位置安装了左右后视镜，以便看清后方来车。

原则上，日本骑自行车不许带人，如果一定要带人，被带者必须在6周岁以下；不能一边骑车一边打电话或单手打伞；自行车必须停放在规定区域，否则被没收。

最重要的是，在日本，饮酒骑自行车也被认作为“酒驾”，和开车酒驾一样会被严肃处理。酒驾被警察发现后，第一次被予以警告；如果在接下来的3年内再犯，则要被罚款和教育。通常是被带到警署做笔录、写认错书，之后缴纳5700日元（约合345元人民币）参加交规教育培训。如果不参加培训将被处以5万日元以下的罚款。

加拿大——骑电动自行车有年龄限制

电动自行车在加拿大被认为是和汽车、摩托车一样的交通工具，也要受同样的交通规则制约。多数省份都规定电动自行车的输出功率最高为500瓦，并限制了20英里（约合32千米）每小时的最高速度。

在加拿大，骑电动自行车有年龄限制，且骑行时必须佩戴头盔。在有些省份，使用较大型的电动车需要考驾照，车辆需要上牌照、上保险，这样就使电动自行车更易管理。

此外，由于每辆车都登记在案，所以盗窃电动自行车的行为在加拿大并不多见。

法国——电动自行车，晋身公务车行列

在法国，很多地方政府都鼓励市民购买电动自行车。像巴黎市政府，2009年就开始规定，巴黎市民及诸如从事快递、商贩等职业的人购买一辆两轮电动车，市政府补贴车辆购买价格的25%，上限为400欧元；企业机构等购买十辆以下的两轮电动车，也可获得相同折扣的优惠。购买的两轮电动车不限于巴黎范围。

巴黎市政府其实非常鼓励市民购买两轮电动车，称其经济、环保、噪音小、便捷、在市区表现不输给普通车。巴黎

大区94省丰特奈—苏布瓦市在2011年3月就配备了15辆电动自行车，用来为市镇工作人员工作出行提供服务。自行车停放在市政府内，配有自动充电设备。由于整个体系是全自动的，因此在法国尚属首例。

此外，电动自行车不能随便上路，骑电动自行车要符合欧盟和法国本国相关法规。欧盟有关电动自行车最新的标准en15194指令规定，电动助力自行车最高电压48v（直流电）、最高持续额定功率250w；速度达到25千米/时，输出功率必须逐步降低，最后切断。

除欧盟规定外，法国要求电动自行车和普通自行车执行一样的安全标准，包括车体必须有标识，必须有照明设备等。骑未经批准合格的自行车上路出事故，保险公司不予理赔；售卖、制造、进口未授权合格的自行车者最多处以1500欧元的罚款。

澳大利亚——事无巨细，车灯都要管

澳大利亚的城市因为地形原因，道路大多不够平坦，坡度较大，不适合人力自行车出行，而电动自行车走山道很便利，在澳大利亚发展很快。澳大利亚法律划定，输出功率在200瓦以上的电动自行车被列入小型摩托车范围，治理规则与摩托车相同，车辆要进行注册，驾驶者必须持有驾照并佩戴头盔。

在其他方面，澳大利亚对电动自行车的治理也很严格，可谓事无巨细，甚至连车灯都进行了具体规定：必须配备可见度为200米的白色前灯和红色后灯。

荷兰——专设自行车停车场

在荷兰人每辆自行车的支架、轮胎、车灯、刹车等部件都经过了精心的设计，完全为人们的出行安全与方便进行考虑。荷兰孩子在家长指导下熟悉自行车使用、修理与操作，如出行戴上自行车头盔，还要在车尾竖一面高高的旗子，机动车驾驶者从远处看到旗子就知道有小朋友在骑车，需要减速慢行，保证了孩子们的交通安全。

荷兰任何一个大城市（如阿姆斯特丹、海牙、鹿特丹、格罗宁根等）的火车站附近或指定地点都有大型自行车停车场，便于随时存放或租用自行车。无论是游客还是当地人，只要持有效身份证，缴纳一定金额的租金，都可以租用自行车。自行车还可以带上火车，也可以存放在火车站停车场，通常能免费存放2周；停放超过2周的自行车会被市政府执法人员拉到特定地点，车辆持有者缴纳一定费用后便可领回（罚单一般是30欧元，约合人民币217元）。无人认领的自行车，根据各城市市政府规定，将被变卖掉。

为方便自行车管理，避免发生重大交通事故，荷兰人在城市与乡村之间设计了专门的红色单行道。自行车车道远离高速公路，保证了骑车市民的安全。

秋天的故事

■ 王濬川

秋风卷起了满地黄叶，也卷起了一摊思念，落叶催促着时间，匆匆向前，一串串思念，在心间，连成了琴弦，拨一拨，发出的，是阵阵萧瑟，略显哀怨。

落叶轻飘飘的，但聚起来却是沉甸甸的，可是秋风，杂耍般地把它们舞弄起来。叶子累了，便要落了，它经历了成长的酸涩，接受了成熟的磨砺，它守望了两季，守望了生机勃勃，在明媚的阳光里伸懒腰，在温和的清风里打哈欠；守望了激情澎湃，在滂沱的大雨里纵情歌唱，在嘈杂的蝉鸣声中默默思考。它在高处看着百花争艳，对着自己心仪的花儿莞尔一笑，它也在低处对着一弯皎洁，和虫儿诉说着自己心底的故事。

叶子如此单纯，如此可爱。

但总有累的一天，因为那是成熟的代价，成长的消耗，成功的感悟。

累了，便要落了，更因为它有了一份责任。

当它在树梢上看到那朵它一直珍爱的、美丽的花朵，被秋风剥去了漂亮的衣裳，一瓣瓣掉落，被萧瑟腐蚀了娇美的面容，一点点枯槁，被肃杀夺去了迷人的光彩，一天天黯然，叶子毫不犹豫飘落下去，飘落到花的身边，用最后一丝余热，去温暖，用最后一点能量去滋养，陪伴着花，让它不寂寞，不孤单，然后一起老去，一起冬眠。

它懂得了这份责任，所以奋不顾身，所以义无反顾。

花儿卸了妆，叶子也悄然落下，它不会舍弃她，因为它一直爱着她。

让叶子忘记真的好难，因为爱是那么深，那么真，那么入骨。恰如我们爱着我们每天守护的这座南京城。

叶落了，花谢了，人远了。

转眼秋末，看着南京城遍地金黄的银杏树叶，有感，秋天的故事，我写下来，化成思念寄给你们——“化作春泥更护花”的所有城管人。

珍重。

（作者单位：南京市六合区城市管理局）

临江仙·金陵夏

■ 汪天赐

舞动箔吹春乍去，
胸怀玉干高台。
叹寒人苦忆时几，
渐稀身自暖，
商贾绕城池。
雨断阵阵多愁苦，
雾昏胜处全非。
待看瘟去复如之，
夏风同此路，
放遣菊秋归。

（作者单位：南京市建邺区城市管理综合行政执法大队）

一个垃圾桶的告白

■ 刘学正

请把你的果皮给我
连同剩菜剩饭
腐根烂叶也能够消化
填饱了胃口
我更有力气问您早安

请把你的纸屑给我
还有瓶瓶罐罐
玻璃织物是我的最爱
丰富了内心
我绽放出由衷的笑颜

请把你的电池给我
还有荧光灯管
油漆和过期药也无妨
回笼了毒质
你生活的安全感增强

请把你的抛弃给我
相信我能承受
只是请将它们分类
否则
电池会腐蚀我的胃
纸屑会堵塞我血管
厨余会伤透我的心
……

（作者单位：山东省阳谷县新凤祥大厦电视台）

南京瞻园夜景照明工程

城市景观照明是现代景观中不可缺少的部分，它不仅自身具有较高的观赏性，还强调艺术灯的景观与景区历史文化、周围环境的协调统一性。城市景观照明利用不同的造型、相异的光色与亮度来造景。在满足城市照明的同时，也把城市的环境特色、人文特色、尽善尽美地呈现在大家眼前。就像一首美妙的轻音乐，没有繁复的乐章，却悄悄地贯穿在整个城市自然景观清晰流畅的线条中。城市景观照明既美化亮化环境，又能成为一座城市、一个地区、一方民族的文化象征。